配电网工程造价管理
实务手册

国网安徽省电力有限公司经济技术研究院　组编

中国电力出版社
CHINA ELECTRIC POWER PRESS

内 容 提 要

本手册是依据国家法律法规、行业规程规范、国家电网公司规章制度，结合安徽10（20）千伏及以下配电网基建工程造价管理特点和需求编制而成的。本手册共分为七章，第一章介绍了配电网工程造价管理基础知识，第二章～第六章详细阐述了项目决策阶段、工程设计阶段、招投标阶段、建设实施阶段和工程竣工阶段，配电网工程造价管理的工作流程、工作内容和管理实务，第七章介绍了配电网工程造价分析与评价。

本手册适用于配电网工程造价管理工作，可作为建设管理、经研院（所）、设计、施工、监理、造价咨询、外部审计等单位造价管理的工作指南和作业指导书。

图书在版编目（CIP）数据

配电网工程造价管理实务手册 / 国网安徽省电力有限公司经济技术研究院组编 .— 北京：中国电力出版社，2022.8

ISBN 978-7-5198-6905-2

Ⅰ .①配…　Ⅱ .①国…　Ⅲ .①配电系统—电力工程—造价管理—手册　Ⅳ .① TM727

中国版本图书馆 CIP 数据核字（2022）第 138818 号

出版发行：中国电力出版社
地　　址：北京市东城区北京站西街 19 号（邮政编码 100005）
网　　址：http：//www.cepp.sgcc.com.cn
责任编辑：张　瑶（010-63412503）
责任校对：黄　蓓　李　楠
装帧设计：赵丽媛
责任印制：石　雷

印　　刷：廊坊市文峰档案印务有限公司
版　　次：2022 年 8 月第一版
印　　次：2022 年 8 月北京第一次印刷
开　　本：710 毫米 ×1000 毫米　16 开本
印　　张：6.75
字　　数：115 千字
印　　数：0001-1000 册
定　　价：48.00 元

编写单位

组长单位 国网安徽省电力有限公司经济技术研究院

成员单位 中电联星光联（北京）电力投资咨询有限公司

编委会

主　　任 潘　东

副 主 任 李　涛

编　　委 高　象　刘士李　周远科　殷　敏　陈付雷　刘　强
李　中　沈　磊　施晓敏　刘景华　徐　飞　李建青
方天睿　李　荣　唐　越　刘宏辉　沈　思　赵迎迎
付安媛　马　元　姚　珺　张云晨　许　涛　郝明明
高　超　郭向阳　张　满　郝兴明　王雷广　刘江敏
田　涛

编制说明

《配电网工程造价管理实务手册》是依据国家法律法规、行业规程规范、国家电网有限公司规章制度，结合安徽10(20)kV及以下配电网基建工程（简称配电网工程）造价管理特点和需求而编制完成的。

本手册对进一步加强配电网工程造价管理队伍建设，提升配电网工程造价精益水平有着重要意义。本手册具有以下三个特点：一是坚持理论与实践相结合，基于造价管理基本理论的同时充分结合安徽配电网工程管理现状；二是从工程建设全过程管理角度，明确了工作职责、流程与工作重点；三是突出实用性，分析典型问题的风险点并提出预防性控制措施，系统整理了造价管理各类标准化模板。

本手册共分为七章：第一章介绍了配电网工程造价管理基础知识；第二章~第六章详细阐述了项目决策阶段、工程设计阶段、招投标阶段、建设实施阶段和工程竣工阶段，配电网工程造价管理的工作流程、工作内容和管理实务；第七章介绍了配电网工程造价分析与评价。

本手册相关工作依据详见附录A。附录B则详细收录了配电网工程造价管理工作中所涉及的各类主要标准化模板，其中“PWZJ”代表配电网工程造价管理模板。

本手册主要适用于国网安徽省电力有限公司配电网工程造价管理工作，可作为建设管理、经研院（所）、设计、施工、监理、造价咨询、外部审计等单位造价管理的工作指南和作业指导书。

目录

第一章　概述

工程造价管理是指综合运用管理学、经济学和工程技术等方面的知识与技能，对工程造价进行预测、计划、控制、核算、分析和评价等的工作过程。配电网工程造价管理是指为了实现配电网项目投资的预期目标，在已有规划、设计方案的条件下，预测、计算、确定和控制工程造价及其变动的系统活动，包括重视设计阶段造价控制、发挥主动控制的作用及技术与经济相结合三大管理原则，其管理体系包括组织体系和计价标准体系。

第一节　工程造价管理基础知识

一、工程造价基本内容

1. 工程造价的含义

工程造价通常是指项目在建设期预计或实际支出的建设费用。从投资者角度分析，工程造价是指建设一项工程预期开支或实际开支的全部固定资产投资费用；从市场交易角度分析，工程造价是指在工程发承包交易活动中形成的建筑安装工程费用或建设工程总费用。

2. 工程造价的特点

工程造价的特点主要包括大额性、差异性、动态性、层次性及兼容性。

工程造价的大额性主要是指建设项目规模大、造价高，而且与多方利益均有关联，特别重大的项目还可能对地方经济或发展产生较大影响。由于任何建设项目都有其特有的目的、功能和规模，并且处于不同的区域和地段，因此不同项目的工程内容不同，导致工程造价具有差异性。任何项目从决策到竣工交付都有一个建设周期，工程的造价会受到多种因素的影响，在整个建设期处于不确定状态，直至竣工决算后才能最终确定工程的实际造价，这体现了造价的动态性。一个建设项目通常由多个单一项目组成，单个项目又由多个单位项目组成，项目本身的层次性导致造价也具有相应的层次性。工程造价的兼容性首

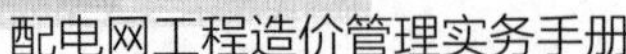

先表现在它具有投资者角度和市场交易角度两种含义，其次表现在工程造价构成因素的广泛性和复杂性。

3. 工程造价的作用

工程造价是项目决策的工具，在项目决策阶段，是项目财务分析和经济评价的重要依据。工程造价高低决定了建设投资和资金使用，因此是制订工程项目投资计划和筹集建设资金的依据。除此之外，工程造价也是合理分配利益和调节产业结构的手段，是评价投资效果的重要指标。

二、工程造价管理理论

1. 工程造价管理含义

综合运用管理学、经济学和工程技术等方面的知识与技能，对工程造价进行预测、计划、控制、核算、分析和评价等的工作过程被称为工程造价管理。1991年，理查德·威斯特尼在美国造价工程师协会（American Association of Cost Engineers，ACCE）西雅图年会上提出了全面造价管理（Total Cost Management，TCM）的概念。全面造价管理的最初定义：有效地利用专业的、技术的专长与方法去计划和控制资源、造价、利润和风险。按照全面造价管理的思想，工程造价管理工作涉及工程项目的全过程，涉及与工程建设有关的各个要素，涉及业主、承包商、工程师的利益，涉及建设单位、施工单位、设计单位、咨询单位之间的关系。全过程造价管理是全面造价管理的一个方面，强调的是对建设项目进行全程的造价管理，以达到控制项目投资的目的。所谓全过程的造价管理工作就是从项目可行性研究开始，经方案优选、初步设计、施工图设计、组织施工、竣工验收直至项目试运行投产，实行整个项目周期的造价控制和管理。

2. 工程造价管理的主要内容

在工程建设全过程各个不同阶段，工程造价管理有着不同的工作内容，其目的是在优化建设方案、设计方案、施工方案的基础上，有效控制建设工程项目的实际费用支出。

（1）工程项目策划阶段。按照相应工程造价管理机构发布的工程计价依据编制和审核投资估算，依据相应工程造价管理机构发布的工程计价依据，在项目方案设计的基础上，对拟建项目的经济合理性和财务可行性进行分析论证，并进行全面评价。

（2）工程设计阶段。依据相应工程造价管理机构发布的工程计价依据，在限额设计、优化设计方案的基础上编制和审核工程概算、施工图预算。设计概算应控制在批准的投资概算范围内，施工图预算应控制在已批准的设计概算范围内。当遇有超概算情况时，应调整概算，提交分析报告，交委托人报原概算审批部门核准。

（3）工程发承包阶段。进行招标策划、招标文件的拟定与审核、招标答疑，编制和审核工程量清单、招标控制价或标底，编制投标报价，确定合同价，完善合同条款，签订合同。

（4）工程施工阶段。编制建设项目资金使用计划，进行工程计量与工程款审核，处理工程变更、工程索赔和工程签证，合同中止结算、分阶段工程结算、专业工程分包结算的编制与审核，进行工程造价动态管理。

（5）工程竣工阶段。按施工合同约定的工程价款的确定方式，进行工程结算。当合同中没有约定或约定不明确的，应按合同约定的计价原则及相应工程造价管理机构发布的工程计价依据、相关规定等，编制和审核工程结算、编制竣工决算、处理工程保修费用等。

三、工程造价构成与计价模式

（一）工程造价构成

固定资产投资包括建设投资和建设期利息，固定资产投资与建设项目的工程造价在量上相等。工程造价基本构成包括用于购买工程项目所含各种设备的费用、用于建筑施工和安装施工所需支出的费用、用于委托工程勘察设计应支付的费用、用于购置土地所需的费用，也包括用于建设单位自身进行项目筹建和项目管理所花费的费用等。

建设投资包括工程费用、工程建设其他费用和预备费三部分。其中工程费用是指建设期内直接用于工程建造、设备购置及其安装的建设投资，其可以分为建筑安装工程费和设备及工器具购置费。

（二）计价模式

建设工程的计价模式分为定额计价模式和工程量清单计价模式。

1. 定额计价模式

定额计价是指根据招标文件，按照国家建设行政主管部门发布的建设工程预算定额的工程量计算规则，同时参照省级建设行政主管部门发布的人工工日单价、机械台班单价、材料以及设备价格信息和同期市场价格，计算出直接工程费，再按规定的计算方法计算间接费、利润、规费和税金，汇总确定建筑安装工程造价。

定额计价法的基本特征是价格=定额+费用+文件规定，并作为法定性的依据强制执行，不论是工程招标编制标底还是投标报价均以此为唯一的依据，承发包双方共用一本定额和费用标准确定标底价和投标报价，一旦定额价与市场价脱节将影响计价的准确性。定额计价是建立在以政府定价为主导的计划经济管理基础上的价格管理模式，它所体现的是政府对工程价格的直接管理和调控。

2. 工程量清单计价模式

工程量清单计价是指投标人完成由招标人提供的工程量清单所需的全部费用，包括分部分项工程费、措施项目费、其他项目费、规费和税金。工程量清单计价方式是在建设工程招投标中，招标人自行或委托具有资质的中介机构编制反映工程实体消耗和措施性消耗的工程量清单，并作为招标文件的一部分提供给投标人，由投标人依据工程量清单自主报价的计价方式。在工程招标中采用工程量清单计价是国际上较为通行的做法。

工程量清单计价是属于全面管理的范畴，其思路是统一计算规则，有效控制总量，彻底放开价格，正确引导企业自主报价、市场有序竞争形成价格。主要依靠市场和企业的实力通过竞争形成价格，使业主通过企业报价可直观地了解项目造价。

目前电力行业采用工程定额和工程量清单规范的双轨制模式。投资估算、设计概算、施工图预算阶段主要使用工程定额进行计量和计价，而工程量清单规范目前主要应用在建设过程的招投标、合同签订、施工及竣工验收阶段。工程定额和工程量清单规范应用阶段流程图详见图1–1。

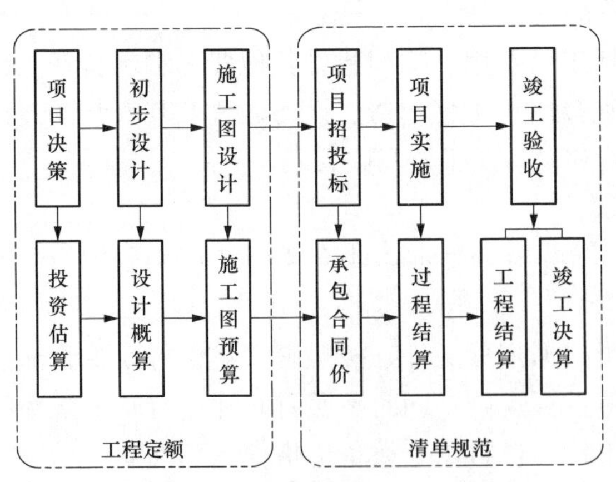

图1–1　工程定额和工程量清单规范应用阶段流程图

第二节 配电网工程造价管理体系

一、配电网工程造价管理理论

（一）配电网工程造价管理定义

配电网工程造价是指配网工程预期开支或实际开支的全部固定资产投资费用，也就是工程通过建设形成相应的固定资产、无形资产所需用一次性费用的总和。配网工程造价管理是指为了实现配网项目投资的预期目标，在已有规划、设计方案的条件下，预测、计算、确定和控制工程造价及其变动的系统活动。配电网工程具有投资资金大、项目数量多、单体规模小、施工周期短等特点，给配电网工程造价管理带来了极大挑战。

（二）配电网工程造价管理原则

1. 重视设计阶段造价控制

工程造价管理贯穿于工程建设全过程的同时，关键在于前期决策和设计阶段，而在项目投资决策后，控制工程造价的关键就在于设计。在配电网工程在设计阶段要将经济指标和非经济指标综合考虑起来。设计方案时除了要考虑方案的可行性、技术性、经济性等经济性指标，还要考虑环境、社会责任等非经济性指标，将二者综合起来，才能设计出更加合理的方案。同时要严格控制设计质量，将设计方案进行优化，有利于降低工程造价的成本，也有利于缩短工期、控制好工程质量，最大程度减少和避免在施工中的一些不利影响因素或安全事故。

2. 发挥主动控制的作用

工程造价控制不仅涉及投资决策，反映设计、发包和施工，被动地控制工程造价，即立足于“调查—分析—决策”基础之上的“偏离—纠偏—再偏离—再纠偏”的被动控制，更要能动地影响投资决策，影响工程设计、发包和施工，主动地控制工程造价。配电网工程应通过组织项目管理人员、设计人员采用方案比选、优化设计和限额设计等价值分析手段，进行工程造价的主动控制与分析，确保工程在经济合理的前提下做到技术先进。对拟建配电网工程编制施工图预算，作为工程招标的标底和签订工程合同的依据，宏观控制工程造价，把造价控制在计划范围内。招投标不仅解决了施工单位的选择，而且还明确了工程造价、工期、质量等施工合同内的所有问题，因此编制招标文件要非常全面和认真仔细，应当将工程施工中可能发生的问题都考虑到。

3.技术与经济相结合

要有效地控制配电网工程造价，应从组织、技术、经济等多方面采取措施。从组织上采取的措施，包括建立健全项目管理组织机构，完善职责分工及有关制度，落实工程造价控制责任，明确造价管理具体工作内容、工作标准及考核机制；从技术上采取措施，包括重视项目前期的设计多方案必选，与典型造价进行对比，严格审查监督初步设计、施工图设计、施工组织设计，深入技术领域研究节约投资的可能性；从经济上采取措施，包括及时进行计划费用与实际费用的分析比较，严格审核各项费用支出，对原设计或施工方案提出合理化建议，由此产生的投资节约按合同规定予以奖励。

（三）配电网工程造价管理主要内容

配电网工程造价管理主要工作包括项目决策阶段的可研估算、工程设计阶段的初步设计概算和施工图预算、招投标阶段的工程量清单和最高投标限价、建设实施阶段的工程量和变更签证、工程竣工阶段的竣工结算和竣工决算。

1.项目决策阶段

投资决策阶段决定了配网工程项目的总体规划与目标，是起到纲领作用的阶段，同时也是工程建设中造价的起源，对整个项目的投资效益具有很大的影响。该阶段需要编制投资估算，投资估算需符合输变电工程可行性研究报告内容深度规定，费用计算准确、合理，能满足方案比选及控制初步设计概算的要求，经核准的投资估算是输变电工程总投资的限额，没有特殊原因不得突破。决策阶段工作主要包括决策阶段立项管理、可研估算编制管理、可研评审管理等内容。决策阶段重点关注建设的必要性、是否属于负面清单，是否列入前期投资库，批复程序是否合规，估算费用计列是否合理。

2.工程设计阶段

设计阶段是对拟建的项目进行规划设计，具有指导性，是配网工程造价控制的关键阶段。初步设计阶段应坚持高质高效、经济适用原则，推行标准化设计，综合工程所在地地形地质、周围环境、施工技术水平等因素，确定设计规模和方案。落实通用设计要求，充分进行方案比选，加强设计评审管理，确保工程设计质量，减少设计变更。造价管理主要内容包括初步设计概算的编制和审查、初步设计审批和施工图预算的编制和审查。初步设计概算总投资应控制在已核准的可行性研究估算投资范围内，工程建设规模应与可研核准规模一致，严禁擅自扩大规模、提高标准。施工图预算规范实施率达到100%，初步设计评审完成后即可开展施工图设计及预算编制工作，并安排合理工作时间。

3. 招投标阶段

配电网工程的招投标有利于优化资源配置，业主单位应择优选择承包商。主要工作内容包括设计、监理、施工单位的选择，招标工程量清单的编制与审查，最高投标限价编制与审查，投标报价的编制和审查，以及合同价款约定和合同签订。招标文件中的图纸和工程量清单应尽量完整详实，合同条款应细致全面，对可能发生的变故及解决条款做出明确规定，减少合同纠纷的风险，避免因风险衍生出的造价成本。做好招标文件的编制和审核，用好合同专用条款，合理确定双方责任。重点做好招标工程量清单及招标控制价的编制和审查、合同价款的约定及合同签订等。

4. 建设实施阶段

施工阶段是按照工程设计的图纸来进行操作，将设计图纸变为建筑实体的阶段。工作内容主要包括工程预付款管理、进度款支付、工程量管理、隐蔽工程验收、设计变更及现场签证、投资计划调整。工作重点是工程预付款和进度款支付应严格执行合同约定，做到资料完整，数据准确，流程合规。按施工图、合同组织施工，做好工程阶段验收，管控设计变更和现场签证。通过严谨的现场管理手段，保证工程造价按计划实施，实现工程投资的有效过程控制。在施工前期应对现场实际情况进行调查，验证设计及施工方案的可行性，发现问题及时弥补，降低工程变更发生概率。当必须发生时，应遵照相关要求和程序上报，执行规范的审批流程，保证设计方案的科学性、经济性和可操作性。

5. 工程竣工阶段

工程竣工阶段是配网工程项目的交付阶段，这一阶段的工程造价控制工作对于配网工程能否顺利验收起到重要作用。配电网工程完成竣工验收后，造价管理工作重点是按期精准完成竣工结算，及时移交财务决算。主要是通过对竣工结算相关材料（包括合同或协议书、结算书、变更签证、发票凭证等）的整理、汇总、审核，编制竣工结算文件，确定工程价款，并通过对竣工结算文件的编制和审核，实现工程造价的规范、合理、有效控制与管理。结算应以施工图为依据，准确计量现场实际发生工程量，严禁未完工程量纳入结算。经审定的结算工程量和金额在竣工结算时不予调整。现场造价资料应与工程实际相符，严禁出现虚假资料。

二、配电网工程造价管理组织体系

1. 造价管理系统

（1）工程造价管理的组织系统。工程造价管理的组织系统是指履行工程造价管理职能的有机群体。为实现工程造价管理目标而开展有效的组织活动。我国设立了多部门、多层次的工程造价管理机构。

（2）政府行政管理系统。其主要包括国务院建设主管部门造价管理机构，国务院其他部门的工程造价管理机构（包括水利、水电、电力等行业和军队的造价管理机构），以及省、自治区、直辖市工程造价管理部门。主要职责包括组织制定工程造价管理有关法规、制度并组织贯彻实施；组织制定全国统一经济定额和部门经济定额，监督指导全国统一经济定额和本部门经济定额的实施；修订、编制和解释相应的工程建设标准定额；开展工程造价审查（核）、提供造价信息等。

（3）企事业单位的工程造价管理。其主要是指设计单位、工程造价咨询单位等按照建设单位或委托方要求，在可行性研究和规划设计阶段合理确定和有效控制建设工程造价，通过限额设计等手段实现设定的造价管理目标；在招标投标阶段编制招标文件、标底或招标控制价，参加评标、合同谈判等工作；在施工阶段通过工程计量与支付、工程变更与索赔管理等控制工程造价。

（4）中国建设工程造价管理协会。其是代表我国建设工程造价管理的全国性行业协会。近年来，先后成立了各省、自治区、直辖市所属的地方工程造价管理协会。全国性造价管理协会与地方造价管理协会是平等、协商、相互支持的关系，地方协会接受全国性协会的业务指导，共同促进全国工程造价行业管理水平的整体提升。

2.电力行业造价管理系统

（1）国家能源局会同国家价格主管部门依法履行全国电力工程定额和造价的行政管理与监督职责，主要负责制定电力工程定额与造价工作管理办法及相关政策；组织建立电力工程定额与造价管理体系，制定发展规划；批准电力工程建设预算编制与计算规定；批准电力建设工程估算指标、概算定额和预算定额；监督检查全国电力工程定额与造价工作等。

（2）中国电力企业联合会负责全国电力工程定额和造价的组织工作，电力工程造价与定额管理总站负责日常管理与各项工作的具体实施。主要负责提出电力工程定额与造价管理的具体建议，并制定本办法实施细则；组织编制并提交电力工程建设预算编制与计算规定；组织编制并提交电力建设工程估算指标、概算定额和预算定额；协助监督检查电力工程定额与造价管理方面有关规定的执行和落实情况等。

（3）其他各级电力工程定额与造价管理机构是电力工程造价与定额管理总站的分支机构，在业务上接受电力工程造价与定额管理总站的领导。

3. 安徽配电网工程造价管理系统

遵循安徽省电力公司部门和专业分工要求，目前配电网工程造价管理职责如下。

（1）省级公司设备部是省级公司配电网工程造价的归口管理部门；负责贯彻落实国网公司配电网工程造价管理制度、技经标准及其他规范性文件，制订省内造价管理细则；负责组织编制配电网规划，以及年度投资计划的分解、下达；负责组织开展服务类履约评价、造价分析和课题研究；对配电网工程造价管理工作进行监督、检查、指导、考核。

（2）省级公司发展部门根据年度电网基建投资计划规模，确定配电网年度投资计划规模，汇总并上报投资明细项目清单，组织配电网工程后评估。

（3）各地市（县级）公司运维检修部负责执行造价管理制度、技经标准及其他规范性文件，落实各项造价管理要求。负责所辖配电网工程初步设计概算与施工图预算管理、建设过程造价控制、工程结算管理工作，配合省级公司开展服务类履约评价、造价分析和课题研究。负责编制配电网规划。根据物资部门服务类招标采购结果，负责服务类需求匹配。各地市（县级）公司营销部、供服中心、网格化管理中心、专项办等具体承担配电网工程管理职责的部门参照执行。

（4）物资部门负责组织服务类招标采购，负责配电网工程物资的招标、合同签订、履约、结算工作。

（5）财务部门负责配电网工程的财务预算，资金使用，成本核算，竣工决算编制、审核和转资工作。

（6）审计部门负责配电网工程的审计工作，负责对外部审计单位进行业务指导，督促审计意见的落实。

（7）经济技术研究院（所）负责配电网工程项目技经业务支撑，根据委托承担配电网工程设计评审、结算监督、造价分析和课题研究。

三、配电网工程计价标准体系

1. 定额计价

（1）使用工程定额进行计量和计价的，主要采用国家能源局发布的《20kV及以下配电网工程建设预算编制与计算规定（2016年版）》，以及配套的建筑工程、电气设备安装工程、架空线路工程、电缆工程、通信及自动化工程的估算指标、概算定额、预算定额。以上定额标准有效满足了配电网工程科学计价要求，能够合理确定和有效控制配电网工程造价水平。

（2）根据《20kV及以下配电网工程建设预算编制与计算规定（2016年版）》，项目建设总费用由建筑安装工程费、设备购置费、其他费用、基本预备费和动态费用构成，其中建筑安装工程费、设备购置费、其他费用和基本预备费之和称为静态投资，静态投资与动态费用之和称为动态投资，详见图1–2。

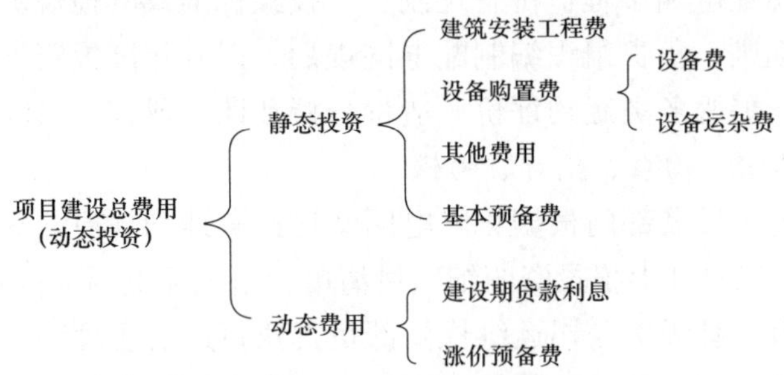

图1–2　配电网工程建设项目总费用构成

1）建筑安装工程费是指对构成项目的基础设施、工艺系统及附属系统进行施工、安装、调试，使之具备生产功能所支出的费用。建筑安装工程费包括建筑工程费和安装工程费，由直接费、间接费、利润、编制基准期价差和税金等组成。直接费包括人工费、材料费、施工机械使用费及措施费。间接费包括规费和企业管理费。

2）设备购置费是指购置组成工艺流程的各种设备，并将设备由供应商交货地点运至项目管理单位集中存储仓库或直接运至施工现场指定位置所支出的相关费用，包括设备费和设备运杂费。当设备需要在从集中存储仓库起运至施工现场时，还应计列设备集中配送费。

3）其他费用是指为完成工程项目建设所必需的不属于建筑工程费、安装工程费、设备购置费和基本预备费以外的其他相关费用，包括建设场地征用及清理费、项目建设管理费、项目建设技术服务费和生产准备费。其中建设场地征用及清理费包括土地征用补偿费、迁移补偿费、余物清理费、施工场地租用费和线路施工赔偿费。项目建设管理费由项目管理经费、招标费、监理费、工程保险费组成。项目建设技术服务费包括项目前期工作费、勘察费、设计费、设计文件评审费、项目后评价费、工程结算审查费、工程建设检测费。生产准备费是指为保证工程竣工验收合格后工程项目能够正常投产运行，提供技术保证和资源配备所发生的费用，主要包括购置生产和生活所必需的家具、消防工具及设备、生产用工具等所发生的费用。

4）基本预备费是指为因设计变更（例如工程量增减、设备改型、材料代用）而增加的费用，一般自然灾害可能造成的损失和预防自然灾害所采取的临时措施费用，以及其他不确定因素可能造成的损失而预留的工程建设资金。

5）建设期贷款利息是指筹措债务资金时，在建设期内发生并按照规定允许在投产后计入固定资产原值的利息。

2. 工程量清单计价体系

（1）使用工程量清单计价的，主要采用国家能源局发布的国家电力行业标准《20kV及以下配电网工程工程量清单计价规范》（DL/T 5765—2018）及《20kV及以下配电网工程工程量清单计算规范》（DL/T 5766—2018）。上述标准适用于20kV及以下配电网工程施工发承包及其实施阶段的工程造价，由分部分项工程费、措施项目费、其他项目费、投标人采购设备费等组成。在安徽省政府平台公开招标的工程还可执行《安徽省建设工程计价依据》相关规定进行清单计价。

（2）根据《20kV及以下配电网工程工程量清单计价规范》（DL/T 5765—2018）规定，20kV及以下配电网工程发承包及实施阶段的计价活动包括招标工程量清单、最高投标限价、投标报价的编制，工程价款的约定，竣工结算的办理，以及施工过程中的工程计量、合同价款支付、施工索赔与现场签证、合同价款调整和合同价款争议的解决等活动。配电网工程计价活动的基本要求，计价活动的结果既是配电网工程建设投资的价格表现，同时又是配电网工程建设交易活动的价值表现。因此，20kV及以下配电网工程造价计价活动不仅要客观反映工程建设的投资，还应体现工程建设交易活动的公正公平性。

第二章　项目决策阶段

决策是为达到一定的目标，从两个或多个可行的方案中选择一个较优方案的分析、判断和抉择的过程，是对拟建项目的必要性和可行性进行技术经济论证，对不同建设方案进行技术经济比较并做出判断和决定的过程。

决策阶段造价管理主要包括项目储备库管理和投资计划管理。项目储备库管理主要分为负面清单项目储备库管理和网架规划项目储备库管理。投资计划管理工作主要包括建议计划填报、综合计划填报、投资计划分解、投资计划下达等工作。

第一节　项目储备库管理

一、负面清单项目储备库管理

（1）项目需求单位（部门）[包括属地供电所（班组）、营销部和调控中心等]实时向地市（县级）公司运检部反馈日常运维问题和项目需求，地市（县级）公司运检部以工单驱动形式向属地管理部门下发线上负面清单和运行暴露问题。

（2）地市（县级）公司运检部汇总审核项目需求，确定工程类型，组织相关部门现场勘查，确定工程方案。

（3）地市（县级）公司运检部对采用基建工程解决的项目，委托设计单位开展可研设计，明确项目设计内容、设计深度及设计时限。

（4）设计单位按照委托书要求，地市（县级）公司运检部组织相关部门共同开展现场复勘。设计单位应依据委托书开展一体化设计，提交可研设计一体化报告至地市（县级）公司运检部。

（5）地市（县级）公司运检部开展项目立项、方案审查，定期组织市经研院所等相关部门开展一体化评审，开展评审前应明确列入规划库取得项目编码等项目前期各类支持性文件，达到项目评审的要求。

二、网架规划项目储备库管理

（1）地市（县级）公司运检部组织开展本地区年度配电网滚动规划，根据网架结构梳理及电网薄弱环节诊断分析，形成规划项目需求清册，统一纳入规划库。

（2）地市（县级）公司运检部对规划库项目按轻重缓急排序，按照可研设计一体化方式，组织开展项目储备工作。市经研院所负责可研评审，并印发可研设计一体化评审意见。地市（县级）公司运检部依据市经研院所印发的可研设计一体化评审意见，下达项目可研设计一体化批复意见，并组织将取得可研批复的项目录入储备库。

（3）地市（县级）公司运检部建立项目储备动态出入库机制，定期开展对储备库项目进行再评价，对储备库中可研评审时间超两年的项目进行再次评价，不具体实施条件和实施必要性的项目，及时出库。

第二节　投资计划管理

1. 建议计划填报

根据国家电网有限公司（简称国家电网公司）统一工作安排，由省级公司设备部组织地市（县级）公司运检部（供服中心）在国家电网公司精准投资管理平台录入项目可研信息（须有可研评审意见及批复）及里程碑计划安排等。国家电网公司以此为基准开展决策程序，并下达各省各电压等级投资总额。

2. 综合计划填报

根据国家电网公司统一工作安排，由省级公司设备部组织地市（县级）公司运检部（供服中心），在上述国家电网公司框定投资总额的基础上，优化投资安排，在国家电网公司精准投资管理平台再次上报项目明细数据，国家电网公司据此全额下达投资。

3. 投资计划分解

省级公司设备部根据本省 10kV 投资计划规模，组织本年度投资计划批次安排及各地市投资额度分配策略。

4. 投资计划下达

地市公司运检部（供服中心）组织根据省级公司投资计划安排批次及分配额度，组织专项办、属地服务部和县级公司运检部完成建议投资计划编制工作，下达投资计划文件（含项目清单），报省级公司设备部备案。并将下达投资计划项目录入地市发展改革委的核准系统进行项目核准备案。

项目置换率指标以综合计划阶段上报、下达的明细数据为基准，以不超过15%为宜。

第三节　管理实务

【案例一】某台区新建工程，新建台区配电变压器2台。

1. 问题及原因分析

（1）新建台区配电变压器偏离负荷中心，应合理选择配电变压器布点，尽量靠近负荷中心。

（2）JP柜结构尺寸为1600mm×600mm×1600mm（长×宽×高），未按照典型设计方案低压综合配电箱外形尺寸1350mm×700mm×1200mm开展设备选型。

（3）低压侧使用4基10m190水泥杆，未按照技术原则低压架空线路宜采用12m及以上水泥电杆开展设备选型。

2. 预控措施

（1）设计单位应加强设计方案质量，严格按照技术原则及典型设计规定完成设备选型。

（2）评审单位应加强技术方案把关，提高方案的合理性及经济性。

【案例二】某10kV配套送出工程，10kV电缆路径共4段，路径总长度1.01km，其中一段电缆连续路径长度为520m。

1. 问题及原因分析

该项目10kV电缆连续路径超500m，由市公司直接批复，未按要求报省公司批复。

根据《国网安徽省电力有限公司关于简化35千伏及以下业扩配套项目及10千伏电网基建项目前期工作管理流程的通知》（电发展工作〔2018〕73号）要求，对于连续路径超过0.5km的10kV电缆工程、单个台区投资超过200万元的工程，可研报告应报省公司批复。

2. 预控措施

各单位应严格执行前期工作管理流程，杜绝超权限批复情况的发生。

第三章　工程设计阶段

设计阶段是分析处理工程技术与经济关系的关键环节，也是有效控制工程造价的重要阶段。在初步设计阶段，要按照可研阶段确定的设计方案，加大设计深度，确定初步设计方案，编制并审查工程概算；在施工图设计阶段，要按照审批的初步设计内容、范围和概算进行技术经济评价与分析，提出设计优化建议，确定施工图设计方案，编制并审查施工图预算。

工程设计阶段造价管理主要包括可研设计一体化报告编制、建设预算编制与审核、设计评审与批复和施工图设计。

第一节　可研设计一体化报告编制

国家电网公司基建类型投资管理的配电网项目，实行可研设计一体化管理。

1. 可研设计一体化工作原则

按照“三个一”（一个设计单位、一个技术方案、一条工作主线）的基本要求，遵循以下三点工作原则。

（1）规划引领原则。以配电网规划目标网架为指引，践行“一张蓝图绘到底”，确保规划项目落地。原则上未纳入电网规划的项目不得开展可研设计一体化工作。

（2）统一标准原则。统一执行国家、行业和公司有关的技术标准、规程、规范，全面应用国家电网公司典型设计和标准物料，确保设计质量。

（3）分级负责原则。省级公司推动工作落实，地市（县级）公司负责具体实施。

2. 可研设计一体化工作流程

县级公司运检部根据配电网负面清单、目标网架等提出项目可研需求，地市公司运检部与设计院结合项目的紧急程度、可研承载力，定期制订可研项目计划清单。

县级公司运检部在清单下发后及时组织项目管理单位、供电所、设计人员

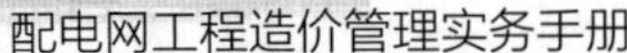

开展现场勘查工作。设计人员遵循差异化、目标网架、建设演进等设计原则，完成可研设计一体化报告编制。

3.可研设计一体化报告内容

可研设计一体化报告应从工程建设的必要性、工程建设规模、具体设计方案、停电方案说明、工程造价、材料表、相关部门的批复文件等方面对工程进行全面阐述分析。报告的编制应注意以下几点。

（1）可研设计一体化文件应符合有关法律法规、国家标准、行业标准以及国家电网公司企业标准和相关规定的要求，并满足相关电网工程设计深度规定要求。

（2）可研设计一体化文件应在着重论证项目建设的必要性和系统方案的基础上，详细论述项目建设的可实施性、具体建设方案（土建基础、电气安装方式等）、投资概算等内容。

（3）概算应合理计列拆迁补偿等建设场地征用及清理的工程量和费用，严禁随意估列费用，严禁在概算书中计列未提供技术方案的费用。

（4）可研设计一体化项目涉及线路路径及配电变压器位置时，应按需取得国土、规划、林业、文物、水利、通信、军事、铁路、公路、环保等相关部门意见或协议。

项目概算书是可研设计一体化报告中重要的组成部分。概算书应由具有相应资质的设计、咨询单位编制，以可研设计一体化设计文件为编制基础，内容深度及格式应符合国家、行业和国家电网公司的相关规定，满足业主和相关管理部门要求，在规范计取的原则下合理确定项目的工程造价。

第二节　建设预算编制与审核

建设预算是指以具体的建设工程项目为对象，依据不同阶段设计，根据《20kV及以下配电网工程建设预算编制与计算规定》（简称预规）及相应的估算指标、概算定额、预算定额等计价依据，对工程各项费用的预测和计算。投资估算、初步设计概算和施工图预算统称为建设预算。

一、建设预算编制程序

1.收集编制依据

（1）本工程设计的图纸、设备材料表及说明。

（2）现行的预算定额。

（3）现行的取费文件，包括预规、工程所在地的机材费及人工费调整文件、工程所在地规费的取费文件。

（4）工程所在地的装置性材料预算价格及其调整文件。

（5）工程所在地与工程建设管理有关的其他文件。

（6）本工程设备招标价格及订货价格。

（7）本工程的主要材料购买价格。

2. 工程主要参数的确定

（1）地形、地质比例的确定。

（2）人力运距与汽车运距的确定。

（3）工程税率的确定。

3. 计算工程量

（1）以设计图和说明为依据，按照现行预规的规定做好项目划分。

（2）以设计图、设备材料表及说明为依据，按照现行预算定额及定额使用指南规定的工程量计算规则计算工程量。

4. 正确套用定额

（1）按照现行定额的使用说明，套用定额子目，输入定额编号、项目内容、定额基价和工程量。

（2）计算单位工程的定额直接费。

5. 计算单位工程的建设费用

（1）根据预规及相关费用文件，以定额直接费为基础，计算相关费用；

（2）将相关费用汇总，得出单位工程的建设费用；

（3）按照最新招标信息价或本工程的实际购货价格计取设备费用。

6. 汇总各单位工程的建设费用

将各单位工程的费用进行汇总。

7. 计算编制年价差

根据定额规定及有关文件计算定额计价材料、机械台班、人工工日的现行价差。

二、建设预算编制与审核要点

（一）工程计价依据

目前配电网工程计价依据为《20kV及以下配电网工程定额和费用计算规定（2016年版）》，主要包括《20kV及以下配电网工程预算编制与计算规定》《20kV及以下配电网工程估算指标》《20kV及以下配电网工程概算定额》（建筑工程、电气设备安装工程、架空线路工程、电缆工程、通信及自动化工程共5册）、《20kV及以下配电网工程预算定额》（建筑工程、电气设备安装工程、架空线路工程、电缆工程、通信及自动化工程共5册）。

开展可研设计一体化设计的工程，如设计深度满足要求，可采用预算定额编制可研估算和初步设计概算。

（二）工程基本参数

1. 工程税率

工程税率按增值税率执行，其中一般纳税人增值税率9%，小规模纳税人增值税率3%。可研估算、初步设计概算、施工图预算不区分计税方式，统一按照现行一般计税方式（9%）计价。施工合同乙方采用简易计税方式的，应提供相应税务证明，执行《关于发布增值税简易计税方式下20kV及以下配电网工程计价调整办法的通知》（定额〔2020〕46号），在批复概算范围内据实结算。

2. 人力运距

人力运输按卸料点至各杆塔位的实际距离综合计算，计算公式为

$$Y_j=\sum L_jR_jK/\sum L_j \tag{3-1}$$

式中 Y_j——平均运距，km；

L_j——各段线路长度（材料量），km；

R_j——各段线路材料的人力运输直线距离，km；

K——弯曲系数。

设计单位必须做好现场踏勘，在设计文件中明确运输方式，依据不同地形相应增加弯曲系数（详见表3-1），合理确定人力运输距离。

表3-1　弯曲参考系数表

地形		系数	说明
平地		1.05~1.1	—
泥沼、沙漠		1.1~1.2	泥沼地段已计地形增加系数，一般为1.1，如有河流阻碍可考虑1.1以上
丘陵		1.1~1.3	—
山地		1.3~1.5	—
高山	修盘山道	1.6~1.8	地形按山地
	不修盘山道	平均运距确定以山坡垂直高差的平均计算斜长计列	不得按实际运输距离计算

3. 地形比例划分标准

平地、丘陵、山地、泥沼、高山等地形地貌特征指工程所在局部区域的地形，其定义依据《20kV及以下配电网工程预算定额（2016年版）》执行。

（1）平地。指地形比较平坦广阔，地面比较干燥的地带。

（2）丘陵。指陆地上起伏和缓、连绵不断的矮岗、土丘，水平距离1km以内，地形起伏在50m以下的地带。

（3）山地。指一般山岭或谷沟等，水平距离250m以内，地形起伏在50~150m的地带。

（4）泥沼。指经常积水的田地或泥水淤积的地带。

（5）高山。指人力、牲畜攀登困难，水平距离250m以内，地形起伏在150~250m的地带。

（三）工程量计算

建设预算中的工程量应与设计文件、设备材料表对应，并按规定考虑施工损耗。土石方开挖工程量计算时，各类土、石质按设计地质资料确定，不作分层计算。同一坑、槽、沟内出现两种或两种以上不同土、石质时，选用含量较大的一种确定其类型，出现流砂层时，不论其上层土质占比多少，全坑均按流砂坑计算。

（四）设备材料预算价

配电网工程主要设备材料按最新招标信息价，水泥、砂石等地材价格按当地市场信息价计入工程本体。其他费用计列如下。

1. 拆除费用

（1）新建线路中，需对原有线路进行拆除的，套用拆除定额及取费，计入工程造价，为建筑安装工程费用的组成部分，按预规规定计取其他费用。

（2）输电线路拆除工程综合考虑了地形因素，使用时不另作调整。

（3）拆除定额均包括了拆除后的材料统一集中到现场堆放点的施工场内运输，而拆除后的设备、材料自拆除地点现场堆放地运至生产运营单位指定的统一储备仓库发生的运输及装卸费用，根据实际运输方式和运输方案另行计算。

2. 工程保险费

工程保险费计算基数为建安工程费+设备购置费，按照公司当年确定的投保费率计列，目前投保费率为0.81‰。

3. 设计费

使用《国家电网有限公司输变电工程典型设计》的，基本设计费按照80%计列。

4.建设期贷款利息

以国家一年期银行贷款利率，按季计息。

（五）编制基准期价差

（1）定额人材机调整应执行电力工程造价与定额管理总站最新调差文件，配电网工程调差文件半年发布一次。

（2）甲供材料按照预算价2%计列甲供材卸车保管费（其中卸车费为0.5%，保管费为1.5%），列入编制基准期价差。

第三节　设计评审与批复

1.评审流程

（1）地市（县级）公司运检部组织召开项目建改方案内审会。运检部、项目管理单位、供电所相关人员及设计人员参会，依据项目现场情况，重点把关建设方案的合理性、可执行性。线路建改类项目，应由供电所所长、项目管理单位负责人、运检部主任、分管领导逐级审批；台区建改类项目，应由供电所所长、项目管理单位负责人、运检部主任逐级审批。逐级审批后的方案经市运检部确认后方可报经研所评审。

（2）市级公司经研院所按计划组织开展评审工作，项目评审小组成员应由市级公司评审专家库专家和具备相应资质的专业技术人员组成。评审小组应按照国家、行业和国家电网公司的相关规程规范、规定要求开展评审工作。在评审工作中应贯彻国家电网公司所辖省级公司各项技术标准，积极推动新技术新设备的应用，严格把握电网工程各阶段的设计深度要求及技术经济标准，保证可研设计质量。一个月之内完成项目的评审工作，并在收口资料合格后出具正式的可研设计一体化评审文件。

设计文件技术方案和投资概算应同步开展评审。设计文件评审会议应确定主要设计方案、投资概算，包括但不限于以下内容。

1）建设规模、主接线型式、电气布置、主要设备型式及参数、总平面布置和主要建筑结构型式等。

2）线路工程路径、气象条件、导地线、绝缘配置、杆塔和基础、电缆线路廊道及敷设方式、“三跨”处理方案等。

3）国家电网公司标准化成果、机械化施工、新技术应用情况、必要的停电措施及过渡方案等。

4）各项费用计列依据及经济指标。

（3）对于特殊项目，在召开评审会议前，经研院所根据需要应组织评审专家及设计人员进行必要的站址及线路敏感点踏勘，项目单位应安排相关人员配合。

（4）经研院所应及时组织并通知相关人员参会，若相关参会人员不到位，应推迟或取消评审会议。

（5）对未按评审工作流程评审的项目不得出具评审文件。

（6）项目评审的主要依据文件如下。

1）《生产技术改造和生产设备大修项目可行性研究内容深度规定》（Q/GDW 11719—2017）。

2）《国网安徽省电力有限公司关于实施10（20）千伏及以下配电网项目可研设计一体化管理的通知》（电设备工作〔2020〕130号）。

3）《安徽省10千伏台区工程可行性研究内容深度规定》（电企管工作〔2019〕173号）。

4）《安徽省中心村电网建设改造技术原则》（Q/GDW 12-011—2019）。

5）《安徽省行蓄洪区电网建设改造技术原则》（皖电发展〔2018〕210号）。

6）《国网安徽省电力公司关于印发2015年农网改造升级新增投资计划工程项目立项原则、建改重点和技术要点的通知》（皖电办〔2015〕182号）。

7）《安徽省机井通电设计技术原则（试行）》（皖电发展〔2016〕105号）。

2. 批复流程

市运检部根据经研院所出具的评审文件，组织项目管理部门、供电所、设计单位展开现场复勘。比对设计方案与现场实际情况是否相符。如比对无出入，运检部下达可研设计一体化批复文件；如与实际情况有出入，应在设计单位修改可研设计一体化报告后对项目下达可研批复。

市运检部每年对拟纳入第二年投资计划的储备项目进行梳理，对于储备时间超过两年或者发生重大变更的项目，重新进行可研设计一体化报告的编制、评审、批复。

第四节　施工图出图与工程现场交底

1. 施工图出图

在市运检部批复的可研设计一体化项目投资计划下达后，县公司项目管理部门根据招标采购结果，与设计单位签订勘察设计合同。设计单位在合同签订后20个工作日内交付全套施工设计文件。

2. 工程现场交底

地市（县级）公司项目管理部门（业主项目部）应在施工图文件交付后5个工作日内组织开展设计和安全技术交底。设计交底应组织设计、施工、监理、设备运维单位参加，由设计单位根据施工图对电杆位置、线路通道走向、台式变压器位置、基础型式、物料选用、拆旧计划及施工技术等内容进行交底确认，履行交底手续。形成设计交底会议纪要，经业主、监理、设计、施工四方会签，由业主项目经理签发后执行。安全技术交底应组织施工、监理单位参加，由业主项目部对施工准备、实施阶段的安全生产工作和施工安全要求等内容进行交底确认，履行交底手续。

第五节　管理实务

【案例一】某10kV线路新建工程，100%平地，架空路径5km，双回路架设，新建电缆路径1km，单回路敷设，380V线路1km。

1. 问题及原因分析

（1）10kV线路装置性材料为30km，电缆量为3km，材料量计算错误，根据线路工程预算定额工程量计算规则，设计单位计列光缆架设工程量按线路亘长计算，在计算材料费时，应考虑弛度增长工程量及施工损耗。

（2）人力运距设置为0.6km，人力运距设置错误，造价编制人员对现场实际情况缺乏了解，在设置人力运距时，应充分考虑现场情况。

（3）该工程税率按10%计列，工程税率设置错误，未按国家法律法规要求计列。

（4）定额人材机调整系数应执行最新文件，概算编制时间为2021年3月，应执行《关于发布2016版20kV及以下配电网工程估算指标及概预算定额2020年下半年价格水平调整的通知》（定额〔2021〕6号）。

2. 预控措施

（1）加强初步设计概算编制管理，初步设计概算编制应该符合有关法律法规、国家标准、行业标准及国家电网公司企业标准和相关规定的要求，并满足配电网工程初步设计概算内容深度规定。

（2）加强各专业沟通交流。技经人员应全面了解工程现场情况及技术方案，设计单位内部应建立有效的沟通机制，确保设计单位内部各专业间沟通到位，提高概算编制精准度。

（3）强化技经人员专业培训，着力专业能力提升。技经人员应充分理解定额子目主要内容，熟悉设计工程量与定额工程量的区别与联系，掌握工程量计算规则，避免工程量计算错误。

【案例二】某线路工程进行其他费用估算。

1.问题及原因分析

（1）费用计列漏项，招标费、评审费、工程建设检测费、生产准备费均未计列。造价编制人员对工程流程、计列规范及标准掌握不足。根据《20kV及以下配电网工程建设预算编制与计算规定》《国网安徽电力发展部关于印发35千伏及以下配电网基建项目费用计列标准讨论会会议纪要的通知》（发展工作〔2019〕7号），配电网工程除项目后评价费外，招标费、评审费、工程建设检测费、生产准备费等费用均需计列。

（2）建设场地征用及清理费计列依据不合规。工程编制预算时，坟墓赔偿按照10 000元/座计列，应按照所在地人民政府规定（2000元/座）计算，或按照与受赔偿方签订的合同计列，计列时需严格审核把关，不得超过当地建设场地征用及清理赔偿评价水平。

（3）线路设计按照国家电网典型设计，基本设计费未按预规调整，设计费存在多计列的问题，根据《20kV及以下配电网工程建设预算编制与计算规定》，使用国家电网典型设计的，基本设计费按照80%计列。

2.预控措施

（1）严格执行编审管理流程，加强可行性研究评审管理，通过强化技经管理风险防控、规范控制等措施，提升编审质量。

（2）严格执行国家有关法律法规和国家电网公司相关规章制度，加强项目建设管理费、勘察设计费及建设场地征用及清理费等其他费用计列支撑依据校核。

第四章　招投标阶段

工程招投标阶段，作为确定工程勘察设计、施工和监理单位及合同签订的阶段，通过规范开展招投标工作、高质量编制和审核招标工程量清单及最高投标限价、合理约定合同条款，从而择优选择承包商、合理确定合同价格、精准控制投资计划。本章主要从工程招投标基础知识、招标方式的选择及流程（工程量清单招标和框架协议采购）和工程合同管理等方面，阐述招投标阶段造价管理的内容和重点。

第一节　工程招投标基础知识

一、招投标的含义与作用

1.招投标的含义

工程招投标是指项目业主和承包商依法按规范的程序实现工程项目交易的行为和过程，包括招标发包和投标承包两个方面。工程项目招投标包括设备材料、施工、设计、监理、咨询等事项的采购行为。

2.招投标的作用

工程项目招投标制度是完善市场经济体制和维护建设市场公平竞争秩序的重要举措和有效途径。在市场经济条件下，招标、投标是一种优化资源配置、实现有序竞争的交易行为，也是工程发承包的主要方式。

根据《国家电网公司招标活动管理办法》规定，工程建设项目，属于国家规定招标的具体范围和规模标准的，必须依法进行招标。按照国家电网公司规定需要招标的工程、货物和服务，应当依法进行招标。

二、招标采购的方式、种类

1.公开招标和邀请招标

（1）公开招标。是指招标人以招标公告的方式邀请不特定的法人或者其他组织投标。

（2）邀请招标。是指招标人以投标邀请书的方式邀请特定的法人或者其他组织投标。

2. 适用于邀请招标的情形

公司系统招标活动应当公开招标，但有下列情形之一的，可以邀请招标。

（1）技术复杂、有特殊要求或者受自然环境限制，只有少量潜在投标人可供选择。

（2）采用公开招标方式的费用占项目合同金额的比例过大。

3. 招标需具备的条件

工程、货物和服务，具备下列条件方可进行招标。

（1）国家规定需要履行项目审批、核准手续的依法必须招标的项目，其招标范围、招标方式已经取得项目审批、核准部门的审批、核准。

（2）项目资金来源已经落实。

（3）能够提出招标所需的技术、商务要求。

（4）法律法规规定的其他条件。

4. 可以不招标的情形

涉及国家安全、国家秘密、抢险救灾或者属于利用扶贫资金实行以工代赈、需要使用农民工等特殊情况，不适宜进行招标的项目，按照国家有关规定可以不进行招标。此外有下列情形之一的，可以不进行招标。

（1）需要采用不可替代的专利或者专有技术。

（2）采购人依法能够自行建设、生产或者提供。

（3）已通过招标方式选定的特许经营项目投资人依法能够自行建设、生产或者提供。

（4）需要向原中标人采购工程、货物或者服务，否则将影响施工或者功能配套要求。

（5）国家规定的其他特殊情形。

非招标方式采购应按照《国家电网公司非招标方式采购活动管理办法》规定进行采购。

三、安徽配电网工程招投标方式

配电网工程勘察设计、施工和监理招标单位的选择，应严格执行招投标法及相关规定，对单项工程未达到依法必须招标规模标准的，可采取框架协议采购或打捆招标的方式，按照《国家电网公司零星工程与服务采购管理细则》《国网安徽省电力有限公司关于规范零星工程与服务框架协议采购结果应用的指导意见》的相关规定执行。

施工单项合同估算价在400万元人民币以上、勘察设计或监理服务单项合同估算价在100万元人民币以上的项目，必须通过公开招标方式确定供应商。其余项目可通过框架协议采购方式确定供应商。通过公开招标方式的，应当采用工程量清单计价；通过框架协议采购的，可采用定额计价。

第二节　工程量清单招标

一、工程量清单及最高投标限价

1.工程量清单

（1）工程量清单的含义。工程量清单是指载明电网工程分部分项工程项目、措施项目和其他项目的名称和相应数量以及规费和税金项目等内容的明细清单。配电网工程工程量清单计价应遵循客观、公平、公正的原则，除严格遵循《20kV及以下配电网工程工程量清单计价规范》外，还应符合国家有关法律、法规及标准规范的规定。

（2）工程量清单的作用。招标工程量清单是招标人依据国家及行业标准、招标文件、设计文件以及施工现场实际情况编制的，随招标文件发布供投标报价的工程量清单，包括对其的说明和表格。编制招标工程量清单，应充分体现“量价分离”“风险分担”的原则。

2.最高投标限价

（1）最高投标限价的含义。最高投标限价是指根据国家或行业、省级建设行政主管部门颁发的有关计价依据和办法，依据拟定的招标文件和招标工程量清单，结合工程具体情况发布的招标工程的最高投标限价。

（2）最高投标限价的作用。最高投标限价是衡量投标报价合理性的标准，是决定工程项目中标价的重要因素，加强最高投标限价的审查，招标方可以有效检验施工图设计成果是否符合批准的设计概算投资，可以对工程量清单进一步完善，从而提高工程量清单及最高投标限价的完整性和准确性，使招标方及投标方的利益得到进一步保障。

二、招标采购的准备

（1）需求单位/部门依据招标批次计划时间安排，通过ERP系统编报招标采购申请，同时在电子商务平台编报技术规范书。

（2）招投标管理部门根据招标项目的专业类型、规模标准，选择具有相应资格的招标代理机构，委托其开展招标代理业务。

（3）各单位原则上按年度签订招标代理委托合同，按批次在电子商务平台选择招标代理机构，下达工作任务。

（4）根据采购计划，项目管理部门需提出招标规则建议，提交招投标管理部门，建议内容包括投标人资质要求、分标分包原则、评标办法、授标原则、最高投标限价等内容。

三、招标采购的组织

招标分为公开招标和邀请招标。国家电网公司系统招标活动采取委托招标，由招标代理机构代理招标业务，招标代理机构应当遵守招标投标法及其实施条例关于招标人的规定。

1. 招标工作要求

（1）采用公开招标方式的，应当发布招标公告。依法必须进行招标项目的招标公告，应当在国务院发展改革部门及国家电网公司指定平台同时发布。采用邀请招标方式的，应当向三家或者三家以上具备承担招标项目的能力、资信良好的特定法人或者其他组织分别发出投标邀请书。

（2）招标公告或投标邀请书须载明招标人名称、地址，招标项目的性质、数量、资金来源、实施地点和时间，获取招标文件的地点、时间和费用，递交投标文件的地点和截止时间，以及对投标人的资格要求等。应当按照招标公告或者投标邀请书规定的时间、地点发售招标文件。招标文件的发售期不得少于5日。

（3）招标文件中应当载明投标有效期。要求投标人提交投标保证金的应当在招标文件中载明，投标保证金不得超过招标项目估算价的2%。投标保证金有效期应当与投标有效期一致。

（4）公司系统集中招标活动不设定标底。可以依法对工程及与工程建设有关的货物、服务全部或者部分实行总承包招标。对技术复杂或者无法精确拟定技术规格的项目，可以分两阶段进行招标。

（5）招标公告或者投标邀请书应当载明是否接受联合体投标。不得以不合理的条件限制、排斥潜在投标人或者投标人。

（6）招标代理机构接收投标。逾期送达或者不按照招标文件要求密封的投标文件，应当拒收。禁止以任何形式与投标人串通投标。

（7）招标代理机构应当按照招标文件规定的时间、地点，邀请所有投标人现场当众公开开标，当众宣读或者公示投标人投标报价及其他开标事项、信息。评标完成后，评标委员会应当向招标人提交书面评标报告和中标候选人名单。中标候选人应当不超过3个，并标明排序。

（8）公司物资部（招投标管理中心）受理评标报告，并提请领导小组定标之日起3日内，组织公示中标候选人，公示期不得少于3日，并按照国家电网公司要求上报评标结果进行备案。中标候选人公示结束后，招标代理机构发布中标公告，并向中标人发出中标通知书。

（9）公司各单位根据项目管理权限，应当依照招标投标法及其实施条例的规定分别与相应中标人签订书面合同，合同的标的、价款、质量、履行期限等主要条款应当与招标文件和中标人投标文件的内容一致。

2.公开招标工作流程

（1）确定招标方式。省级公司物资部专职根据相关规定判断招标方式，确定采用公开招标或邀请招标。

（2）编制招标文件。招标代理机构组织编制招标文件，包括但不限于招标公告、投标人须知、评标办法、投标文件格式、工程量清单、设计图、技术规范书、合同条款等。

（3）发布招标公告。招标文件经审查合格后，招标代理机构相关人员发布招标公告，接受投标报名。省级公司项目管理部门或市县公司需求部门负责技术招标文件澄清（或修改）。

（4）开标评标。省级公司物资部组建评标委员会（在专家库中随机抽选），办理评委签报。省级公司监察部负责全过程监督和评标专家抽取。招标代理机构组织开展评标工作，提交评标报告。

（5）发出中标通知书。省级公司物资部（招投标管理中心）受理评标报告，组织公示中标候选人，公示结束后，招标代理机构发布中标公告，并向中标人发出中标通知书。

（6）合同签订。省级公司各单位根据项目管理权限，应当依照招标投标法及其实施条例的规定分别与相应中标人签订书面合同。

四、招标工程量清单的编制与审查

招标工程量清单是招标人依据国家及行业标准、招标文件、设计文件及施工现场实际情况编制的，随招标文件发布供投标报价的工程量清单，包括对工程量清单的说明和表格。

配电网工程执行国家能源局发布的《20kV及以下配电网工程工程量清单计

价规范》，在地方（安徽）政府平台公开招标的工程可执行《安徽省建设工程计价依据》。

（一）编制依据

（1）《20kV及以下配电网工程工程量清单计价规范》（DL/T 5765—2018）和《20kV及以下配电网工程工程量清单计算规范》（DL/T 5766—2018）。

（2）国家或省级、行业建设主管部门和国家电网公司颁发的计价依据和办法。

（3）建设工程设计文件及相关资料。

（4）与建设工程有关的标准、规范、技术资料。

（5）拟定的招标文件，招标期间的补充通知、答疑纪要等。

（6）施工现场情况、地勘水文资料、工程特点及常规施工方案。

（7）其他相关资料。

（二）内容构成

招标工程量清单成品文件包括以下内容。

（1）封面。

（2）填表须知。

（3）总说明。

（4）分部分项工程量清单。

（5）措施项目清单。

（6）其他项目清单：暂列金额明细表，材料（设备）暂估单价表，专业工程暂估价表，计日工表，施工总承包服务项目内容表，拆除工程项目清单，建设场地征用及清理项目表。

（7）投标人采购材料（设备）表。

（8）招标人采购材料（设备）表。

（三）编制与审查要点

1.综合部分

（1）招标工程量清单应由具有编制招标文件能力的招标人或受其委托具有相应资质的电力工程造价咨询人或招标代理人编制。

（2）招标工程量清单应作为招标文件的组成部分，招标工程量清单应准确、完整，避免出现缺项、漏项等，其准确性和完整性由招标人负责。

（3）招标工程量清单是工程量清单计价的基础，应作为编制最高投标限价、投标报价、计算或调整工程量、索赔等的依据之一。

（4）招标工程量清单的项目划分应根据现行电力行业标准《20kV及以下配

电网工程工程量清单计算规范》（DL/T 5766—2018）进行编制，如有新增项目，应按照规范的规定在相应项目下增列。

2. 分部分项工程量清单

（1）分部分项工程量清单应载明项目编码、项目名称、项目特征、计量单位和工程量。

（2）分部分项工程量清单项目编码应唯一，同一招标工程的项目编码不得有重码。

（3）分部分项工程量清单依据工程量清单计算规范规定的项目编码、项目名称、项目特征、计量单位和工程量计算规则进行编制。

（4）编制分部分项工程量清单出现工程量清单计算规范中未包括的项目，编制人应做补充，并由招标人上报省级公司设备部备案。

3. 措施项目清单

（1）措施项目清单指为完成工程项目施工，发生于该工程施工准备和施工过程中的技术、生活、安全、环境保护等方面的项目清单，措施项目清单分单价措施项目和总价措施项目。

（2）措施项目清单应根据现行电力行业标准《20kV及以下配电网工程工程量清单计算规范》（DL/T 5766—2018）的规定进行编制，结合拟建工程的实际情况列项。

（3）措施项目分为两类：一类是以“项”计列的“总价项目”，如安全文明施工费、临时设施费、夜间施工增加费等，按“项”计列的措施项目清单取费费率应准确，不可竞争性费用应进行标注；另一类是以“量”计价的“单价项目”，如综合脚手架、施工道路等，采用分部分项工程量清单的方式编制。

4. 其他项目清单

其他项目清单宜按照下列内容列项。

（1）暂列金额。

（2）暂估价，包括材料（设备）暂估单价、专业工程暂估价。

（3）计日工。

（4）施工总承包服务费。

（5）拆除工程费。

（6）招标人供应材料（设备）的配送费、卸车费、保管费。

（7）建设场地征用及清理项目。

其中，暂列金额应根据工程特点按有关计价规定估算；暂估价中的材料（设备）暂估单价应根据工程造价信息或参照市场价格估算，列出明细表，专业工程暂估价应分不同专业，按有关计价规定估算，列出明细表；计日工应列出项目名称、计量单位和暂定数量；施工总承包服务费应列出服务项目及其内容等；拆除工程费的清单按有关计价规定，列出明细表；出现未列的项目，可根据工程实际情况补充。

5. 投标人采购材料（设备）表

投标人采购材料（设备）表应根据拟建工程的具体情况，详细列出采购材料（设备）名称、型号规格、计量单位、数量、单价等内容。

6. 招标人采购材料（设备）表

招标人采购材料（设备）表应根据拟建工程的具体情况，详细列出采购材料（设备）名称、型号规格、计量单位、数量、单价、交货地点及方式等内容。

五、最高投标限价编制与审查

最高投标限价是指根据国家或行业、省级建设行政主管部门颁发的有关计价依据和办法，依据拟订的招标文件和招标工程量清单，结合工程具体情况编制的招标工程的最高投标限价。

国有资金投资或国有资金投资为主的配电网工程招标，招标人应编制最高投标限价，并应在招标时公布最高投标限价。

（一）编制依据

（1）《20kV及以下配电网工程工程量清单计价规范》（DL/T 5765—2018）和《20kV及以下配电网工程工程量清单计算规范》（DL/T 5766—2018）。

（2）国家或省级、行业和国家电网公司颁发的计价依据和办法。

（3）建设工程设计文件及相关资料。

（4）拟定的招标文件及招标工程量清单。

（5）与建设工程有关的标准、规范、技术资料。

（6）施工现场情况、工程特点及常规施工方案。

（7）电力工程造价与定额管理总站发布的人工、材料、施工机械台班价格信息，地方材料按当地建设主管部门发布的信息价，无信息价的，参照市场价。

（8）其他的相关资料。

（二）内容构成

最高投标限价成品文件包括以下内容。

（1）封面。

（2）填表须知。

（3）编制说明。

（4）最高投标限价汇总表。

（5）分部分项工程费用汇总表。

（6）分部分项工程（单价措施项目）清单计价表包括工程量清单全费用综合单价分析表，工程量清单全费用综合单价人、材、机计价表。

（7）投标人采购材料计价表。

（8）投标人采购设备计价表。

（9）措施项目清单计价汇总表。

（10）其他项目清单计价表包括暂列金额明细表，材料（设备）暂估单价表，专业工程暂估价表，计日工表，施工总承包服务费计价表，拆除工程项目清单计价表，建设场地征用及清理费用计价表。

（11）招标人采购材料（设备）计价表。

（12）主要工日价格表。

（13）主要机械台班价格表。

（三）编制与审查要点

1.综合部分

（1）国家电网公司系统投资的配电网工程建设项目招标，招标人应编制最高投标限价。

（2）最高投标限价应由具有编制能力的招标人或受其委托具备相应资质的电力造价咨询人编制和复核。确定后的最高投标限价应在招标文件中公布，并且不得上浮或下调。

（3）工程造价咨询人不得同时接受招标人和投标人对同一工程的最高投标限价和投标报价的编制。

（4）招标人应在招标时公布最高投标限价，同时将最高投标限价及有关资料报送各单位或各省级公司招标管理部门备查。

（5）最高投标限价超过批准概算时，招标人应将其报送原概算审批部门批准。

（6）投标人经复核认为招标人公布的最高投标限价未按规定进行编制的，应在最高投标限价公布后5天内向招投标监督机构和有该工程管辖权的电力行业工程造价管理机构投诉。当最高投标限价复查结论与原公布的最高投标限价误差大于±5%时，应责成招标人改正。招标人根据最高投标限价复查结论，需要重新公布最高投标限价的，其最终公布的时间至招标文件要求提交投标文件截止时间不足15日的，应相应延长投标文件的截止时间。

2. 分部分项工程费

（1）分部分项工程量清单计价表中的项目编码、项目名称、项目特征、计量单位、工程量等应与招标工程量清单保持一致。

（2）分部分项工程和措施项目中的单价项目应根据拟定的招标文件和招标工程量清单的项目特征描述及有关要求，按照清单计价规范规定确定全费用综合单价。

（3）全费用综合单价含完成一个规定清单项目所需的人工费、材料费（不含甲供材）、施工机械使用费和措施费、规费、企业管理费、利润、税金及约定范围的风险费用。

（4）招标文件提供了暂估单价的材料和招标人采购的材料，应按提供的单价计入全费用综合单价。

（5）安全文明施工费、临时设施费不得作为竞争性费用。

3. 措施项目费

（1）措施项目中的总价项目金额应根据拟定的招标文件中的措施项目清单，按全费用综合单价计价；措施项目中的单价项目应根据招标文件中的招标工程量清单项目的特征描述及有关要求计价。

（2）措施项目分为以"量"计算和以"项"计算两种。对于以"量"计算的措施项目，按其工程量采用与分部分项工程工程量清单单价相同的方式确定综合单价。对于以"项"计算的措施费用，采用费率法按有关规定综合确定，采用费率法时需确定各项费用的计费基数及其费率。

4. 其他项目费

（1）暂列金额。暂列金额由招标人根据工程特点、工期长短，按有关计价规定进行估算确定。

（2）暂估价。暂估价中的材料单价应按招标工程量清单中列出的单价计入综合单价，暂估价中的工程设备单价应按招标工程量清单中列出的单价计列。暂估价中的专业工程金额应按招标工程量清单中列出的金额填写。

（3）计日工。应按招标工程量清单中列出的项目，根据工程特点和有关计价依据确定全费用综合单价计算。

（4）施工总承包服务费。应根据招标工程量清单列出的内容和要求估算。

（5）拆除工程费。应根据招标工程量清单中的特征描述，计算各清单项目的全费用综合单价。

（6）招标人供应材料（设备）的配送费、卸车费、保管费按行业、国家电网公司有关规定计算。

（7）建设场地征用及清理费。根据招标文件列出的内容和要求计列。

六、投标报价的编制和审查

投标报价是在工程招标发包过程中，由投标人按照招标文件的要求，根据工程特点，并结合自身的施工技术、装备和管理水平，依据有关计价规定自主确定的工程造价，是投标人希望达成工程承包交易的期望价格。投标报价的编制和确定的最基本特征是投标人自主报价，它是市场自由竞争形成发承包交易价格的体现，但投标人自主报价应执行《20kV及以下配电网工程工程量清单计价规范》等相关强制性规定。由投标人自主确定的投标价，既不得低于工程成本，也不能超过最高投标限价。

（一）编制依据

（1）《20kV及以下配电网工程工程量清单计价规范》（DL/T 5765—2018）和《20kV及以下配电网工程工程量清单计算规范》（DL/T 5766—2018）。

（2）国家或省级、行业和公司颁发的计价依据和办法。

（3）企业定额。

（4）招标文件、招标工程量清单及其补充通知、答疑纪要等。

（5）工程设计文件及相关资料。

（6）施工现场情况、工程特点及投标时拟定的施工组织设计或施工方案。

（7）与建设工程有关的标准、规范、技术资料。

（8）市场价格信息或工程造价管理机构发布的价格信息。

（9）其他的相关资料。

（二）内容构成

投标报价成品文件包括以下内容。

（1）封面。

（2）填表须知。

（3）编制说明。

（4）最高投标限价汇总表。

（5）分部分项工程费用汇总表。

（6）分部分项工程（单价措施项目）清单计价表包括工程量清单全费用综合单价分析表，工程量清单全费用综合单价人、材、机计价表。

（7）投标人采购材料计价表。

（8）投标人采购设备计价表。

（9）措施项目清单计价汇总表。

（10）其他项目清单计价表包括暂列金额明细表，材料（设备）暂估单价表，专业工程暂估价表，计日工表，施工总承包服务费计价表，拆除工程项目清单计价表，建设场地征用及清理费用计价表。

（11）招标人采购材料（设备）计价表。

（12）主要工日价格表。

（13）主要机械台班价格表。

（三）编制与审查要点

1. 综合部分

（1）投标报价由投标人或受其委托具备相应资质的电力造价咨询人编制。

（2）投标报价不得低于工程成本。

（3）投标报价必须按照招标工程量清单填报价格。项目编码、项目名称、项目特征、计量单位、工程量必须与招标工程量清单一致。

（4）投标人的投标报价高于最高投标限价的应予废标。

（5）投标人可根据工程实际情况，结合施工组织设计对招标人所列的措施项目清单进行增补。

（6）招标工程量清单与计价表中列明的所有需要填写单价和合价的醒目，投标人均应填写且只允许有一个报价。未填写单价和合价的项目，视为此项费用已包含在已标价工程量清单中其他项目的单价和合价之中。竣工结算时，此项目不得重新组价予以调整。

2. 分部分项工程费

（1）编制分部分项工程量清单综合单价时，要以项目特征描述为依据。当招标工程量清单特征描述与设计图纸不符时，应以招标工程量清单的项目特征描述为准，确定投标报价的综合单价。

（2）招标工程量清单中提供了暂估单价的材料和招标人采购的材料，应按提供的单价计入综合单价。

（3）综合单价中应包括招标文件中划分的应由投标人承担的风险范围及其费用，招标文件中没有明确的，应提请招标人明确。在施工过程中，当出现的风险内容及其范围（幅度）在合同约定的范围时，工程价款不做调整。

3. 措施项目费

（1）投标人可根据工程实际情况结合施工组织设计，自主确定措施项目费，对招标人所列的措施项目可以进行增补。

（2）措施项目分为以“量”计算和以“项”计算两种。对于以“量”计算的措施项目，按其工程量采用与分部分项工程工程量清单单价相同的方式确定综合单价。对于以“项”计算的措施费用，采用费率法按有关规定综合确定，采用费率法时需确定各项费用的计费基数及其费率。

4.其他项目费

（1）暂列金额。暂列金额应按招标人在招标工程量清单中列出的金额填写。

（2）暂估价。材料暂估价应按招标人在招标工程量清单中列出的单价计入全费用综合单价，设备暂估价应按招标工程量清单中列出的单价计入投标人采购设备表，专业工程暂估价应按招标人在招标工程量清单中列出的金额填写。

（3）计日工。应按招标人在招标工程量清单中列出的项目和数量，自主确定全费用综合单价并计算计日工费用。

（4）施工总承包服务费。应根据招标工程量清单列出的内容和要求自主确定。

（5）拆除工程费。应根据招标人间及其招标工程量清单项目中的特征描述，计算各清单项目的全费用综合单价。

（6）招标人供应材料（设备）的配送费、卸车费、保管费可根据工程实际情况，参照行业、公司有关规定自主报价。

（7）建设场地征用及清理费。应根据招标工程量清单中列出的内容和要求，按工程实际情况自主确定。

第三节　框架协议采购

1.框架协议采购的含义

框架协议采购是指通过公开招标或竞争性谈判等方式，按照专业品类预测采购数量并进行标包划分，选择两个及以上服务商，确定定价规则或最高限价、合同期限、付款方式、服务承诺等内容，并签订框架协议的采购组织方式。需求单位发生实际需求时，按照框架协议，与协议内的服务商进行谈判或实行网上竞价，最终确定成交服务商或下达采购订单。

省级公司零星工程与服务框架协议原则上每年组织一至两次。零星工程服务框架协议采购结果应用工作流程如图4-1所示。

2.框架协议签订

（1）省公司按年度批次安排，组织零星工程与服务框架协议采购，按服务类型、区域属性发布采购结果公告，并明确框架有效期、实施范围、承揽金额控制比例、结算单价（折扣率）等关键内容。

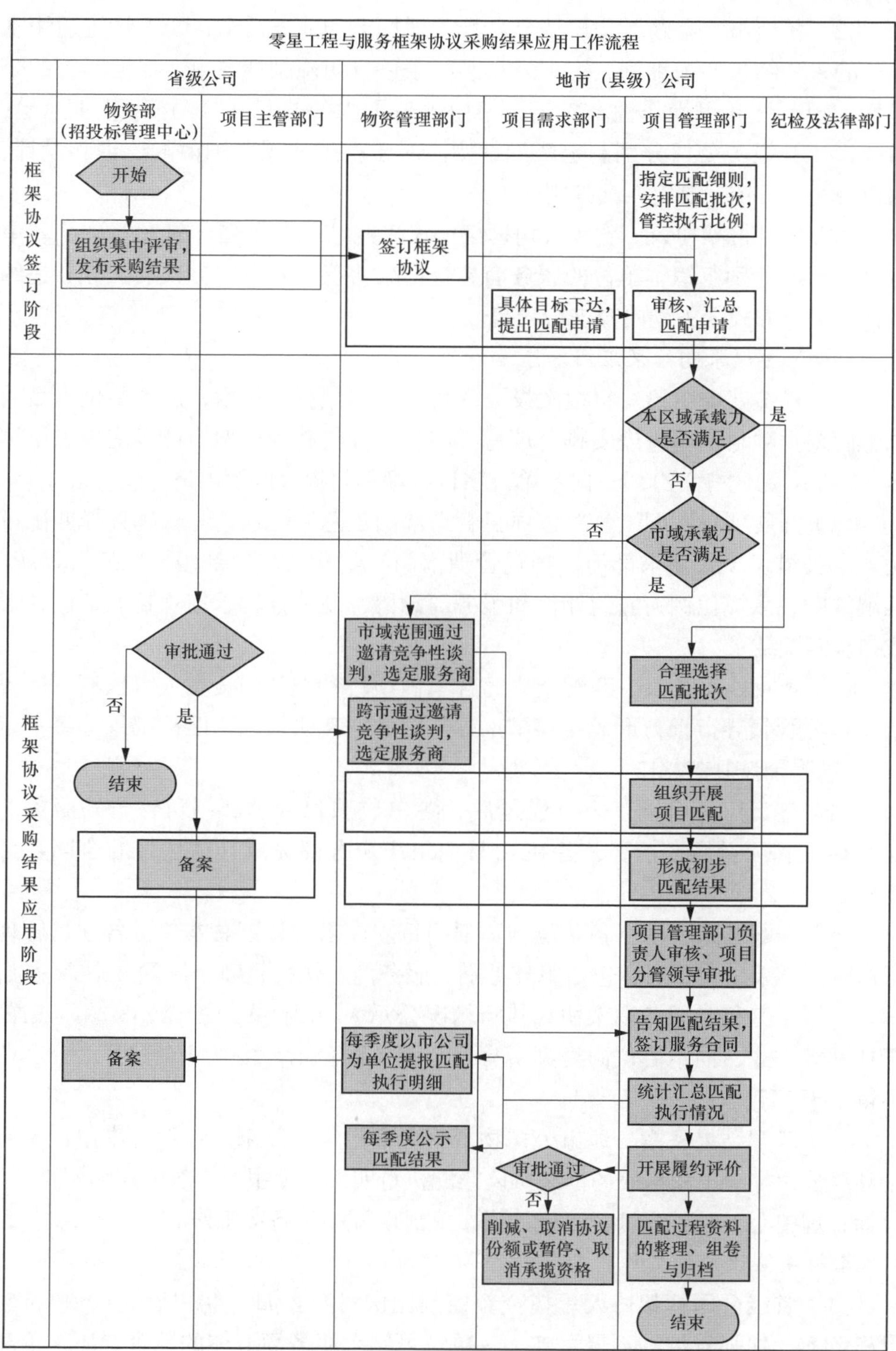

图4-1　零星工程服务框架协议采购结果应用工作流程图

（2）各地市（县级）公司结合自身管理特点和业务需求，统筹制定适用本单位的采购结果匹配细则，客观量化匹配条件，明确刚性约束，保证匹配的公正性、规范性和可操作性。对于框架协议范围内的10（20）kV电网施工运检，由地市（县级）公司分别制定匹配细则。对于框架协议范围内的监理和设计，由市公司负责统一制定匹配细则。

（3）签订框架协议。省级公司框架协议采购结果发布之日起30日内，各单位物资部门分别组织本单位的服务商签订框架协议，并对双方权利义务、违约责任、结算方式等关键内容进行约定。

3.框架协议采购结果应用

（1）提报匹配申请。每批次投资计划或成本预算下达后，由各单位项目需求部门根据项目实施进度安排，填写《零星工程与服务框架协议匹配需求申请表》（见附录B中PWZJ1），向本单位项目管理部门提报匹配申请。

（2）开展项目匹配。各单位项目管理部门汇总匹配申请，合理选择匹配批次，牵头组织项目需求部门、物资管理部门、纪检及法律部门按照实际需求、匹配规则、承揽比例、履约评价和服务商意愿，规范推荐承揽项目服务商，形成初步匹配结果。

（3）审批匹配结果。匹配结果经各单位项目管理部门负责人审核后，应提请项目分管领导审批，形成《零星工程与服务框架协议采购匹配结果会签审定表》（见附录B中PWZJ2）。

（4）签订服务合同。审批通过后，各单位项目管理部门负责告知服务商匹配结果和项目承揽情况，并在10日内组织服务商完成具体项目的合同签订工作。

（5）匹配结果公示。各单位物资部门每季度末统计汇总本单位各项目管理部门匹配结果，主要内容包括服务类别、服务商、执行金额、权重占比等信息，填入《零星工程与服务框架协议执行情况公示》（见附录B中PWZJ3）。采用公开挂网等方式，向本单位同类型所有框架服务商公示，接受社会监督，公示期不得少于5日。

（6）匹配结果备案。地市公司物资管理部门每季度末统计汇总本单位及所辖县级公司零星工程与服务框架协议匹配执行明细，上报至省级公司物资部（招投标管理中心）“授权采购备案系统”，完成匹配结果备案工作。

4.框架协议采购工作要点

（1）省级公司框架协议承揽金额控制比例对照表如表4–1所示，各单位应严格落实，加强管控，不得突破。各单位可结合服务商群体的综合素质、承载力水平等进一步明确各框架服务商具体承揽比例，并履行本单位“三重一大”决策程序后执行。明确具体承揽比例的，在框架协议有效期内，实际执行比例偏差不得超过 ±3%。

表 4–1　　省级公司框架协议承揽金额控制比例对照表

序号	框架服务商数量	第一名承揽金额控制比例	第二名承揽金额控制比例	第三名承揽金额控制比例	其他名次承揽金额控制比例
1	1 家	100%	—	—	—
2	2 家	不低于 60%	不高于 40%	—	—
3	3 家	不低于 50%	不高于 30%	不高于 20%	—
4	4 家	不低于 40%	不高于 30%	不高于 20%	不高于 10%
5	5 家	不低于 30%	不低于 25%	不高于 20%	不高于 10%
6	6 家及以上	不低于 25%	不低于 20%	不低于 15%	不高于 10%

（2）匹配工作原则上应集中组织实施、分批次开展，各单位要做好公司综合计划、项目里程碑计划、资金预算计划、实际工程进度的统筹融合，分阶段集中匹配，保证匹配的规模效益。针对临时、紧急项目，要畅通匹配“绿色通道”，保证匹配的灵活高效。

（3）各单位按照安全、质量、进度总体要求，在充分评估框架服务商履约能力的情况下，依据本单位匹配细则和服务商承揽比例，以及服务商履约评价结果和服务商承揽意愿，规范开展项目匹配工作，匹配工作要做到公平、公正、规范，结果公示要做到发布过程公开透明、发布范围全面覆盖。

（4）按照谁使用谁评价，谁主管谁负责的原则，由各单位项目管理部门定期开展框架服务商履约评价工作，并建立评价结果与协议匹配闭环联动机制。

第四节　工程合同管理

一、合同管理概述

（一）合同基本条款

合同是民事主体之间设立、变更、终止民事法律关系的协议。当事人订立合同，可以采用书面形式、口头形式或者其他形式。合同的内容由当事人约定，一般包括当事人的姓名或者名称和住所，标的，数量，质量，价款或者报酬，履行期限，地点和方式，违约责任，解决争议的方法八大条款。当事人可以参照各类合同的示范文本订立合同。

（二）工程合同类型

1. 建设工程合同

建设工程合同是承包人进行工程建设，发包人支付价款的合同。建设工程合同包括工程勘察、设计、施工合同。建设工程合同应当采用书面形式。发包人可以与总承包人订立建设工程合同，也可以分别与勘察人、设计人、施工人订立勘察、设计、施工承包合同。发包人不得将应当由一个承包人完成的建设工程拆分成若干部分发包给数个承包人。

总承包人或者勘察、设计、施工承包人经发包人同意，可以将自己承包的部分工作交由第三人完成。第三人就其完成的工作成果与总承包人或者勘察、设计、施工承包人向发包人承担连带责任。承包人不得将其承包的全部建设工程转包给第三人或者将其承包的全部建设工程拆分后以分包的名义分别转包给第三人。

禁止承包人将工程分包给不具备相应资质条件的单位。禁止分包单位将其承包的工程再分包。建设工程主体结构的施工必须由承包人自行完成。

2. 承揽合同

承揽合同是承揽人按照定作人的要求完成工作，交付工作成果，定作人支付报酬的合同。承揽包括加工、定作、修理、复制、测试、检验等工作。

建设工程实行监理的，发包人应当与监理人采用书面形式订立委托监理合同。发包人与监理人的权利和义务以及法律责任，应当依照《中华人民共和国民法典》第三编第二分编第二十三章委托合同及其他有关法律、行政法规的规定。

（三）合同文本选择

配电网工程合同承办部门起草合同时，应按以下先后顺序选用合同文本。

（1）招标文件中的合同文本约定。

（2）国家或地方有关行政部门制定并强制适用的文本。

（3）公司发布的统一合同文本。

（4）行业参考性示范文本。

（5）其他合同文本。标的额较大、影响重大、涉及专业技术或法律关系复杂的合同，合同承办部门应当组织财务、法律、技术等人员参与合同起草或谈判，必要时可聘请外部专家参与相关工作。

（四）合同价款约定

1.合同计价方式选择

选择施工合同中，计价方式分为单价方式、总价方式和成本加酬金方式三种。相应的施工合同也称为单价合同、总价合同和成本加酬金合同，总价合同和单价合同又分为固定价格合同和可调价格合同。合同价款会因采用不同的计价方法，而产生较大的价款差额。

（1）单价合同。对实行工程量清单计价的输变电工程，应采用单价合同方式。即合同约定的工程价款中所包含的工程量清单项目综合单价在约定条件内是固定的，不予调整，工程量允许调整。工程量清单项目综合单价在约定的条件外，允许调整。调整方式、方法应在合同中约定。

（2）总价合同。对建设规模较小、技术难度较低、施工工期较短，并且施工图设计审查已经完备的工程，可以采用总价合同。采用总价合同，除工程变更外，其工程量不予调整。

（3）成本加酬金合同。对紧急抢险、救灾以及施工技术特别复杂的输变电工程可以采用成本加酬金合同。

2.合同价款约定事项

实行招标的工程合同价款应由发承包双方依据招标文件及其相关澄清文件、中标人的投标文件、中标通知书在书面合同中约定，合同约定不得违背招、投标文件中关于工期、造价、质量等方面的实质性内容。招标文件与中标人投标文件不一致的地方，以投标文件为准。不实行招标的工程合同价款，在发承包双方认可的合同价款基础上，依据审定的工程预（概）算书，履行必要的审批手续后由发承包双方在合同中约定。

发、承包人应在合同条款中对涉及工程价款结算的下列事项进行约定，包括但不限于以下内容。

（1）合同金额（招标工程中按中标价格约定）。

（2）预付工程款（应明确包含安全文明施工费）的数额、支付时限及抵扣方式。

（3）工程计量与支付工程进度款的方式、数额及时间。

（4）合同价款的调整因素、方法、程序、支付时间，约定承包人承担风险的范围、幅度及超出的约定范围、幅度的调整办法。

（5）违约责任、赔偿及工程价款争议的解决方法。

（6）工程施工中发生变更时，工程价款的调整方法、索赔方式、时限要求及金额支付方式。

（7）工程竣工价款的结算与支付方式、数额及时限。

（8）工程质量保证金的银行保函所保金额和时限、保函手续费支付责任，或者工程质量保证金的预留数额、预扣方式及时限。

（9）安全文明施工费的支付计划和使用要求。

（10）工期以及工期提前或延后的奖惩办法。

（11）与履行合同、支付价款相关的担保事项。

（12）设计、施工、监理考核评价方法。

合同未作约定或约定不明的条款，应依据国家、地方和行业有关法律、法规和规章的规定，按照配电网工程相关计价标准、办法，由发、承包双方协商确定，并以签订补充协议的方式明确。协商不能达成一致的，按合同约定的争议解决方式处理。

工程预付款原则上不低于合同金额的10%，不高于合同金额的30%；工程进度款原则上不低于合同金额的60%，不高于合同金额的90%。

发承包双方还应当在合同中约定发生下列情形时合同价款的调整方法：①法律、法规、规章或国家有关政策变化影响合同价款的；②工程造价管理机构发布价格调整信息的；③经批准变更设计的；④发包人更改经审定批准的施工组织设计造成费用增加的（修正错误除外）；⑤发承包双方约定的其他因素。

3.合同价款调整事项

为合理分配双方的合同价款变动风险，有效地控制工程造价，发承包双方应在招标文件、合同中明确计价中的风险内容及其范围，在施工合同中明确约定合同价款的调整事项、调整方法及调整程序。发承包双方应当按照合同约定调整合同价款的若干事项，包括五大类。

（1）法规变化类：法律、法规变化。

（2）工程变更类：工程变更、项目特征描述不符、工程量清单缺项、工程量偏差、计日工。

（3）物价变化类：物价波动、暂估价。

（4）工程索赔类：不可抗力、提前竣工（赶工）补偿、误期补偿、索赔。

（5）其他类：现场签证和发承包双方约定的其他调整事项。

（五）合同审核与签署

1.合同签订时限规定

采用招标方式的，应在中标通知书发出之日起30天内签订合同；采用框架协议采购的，应在框架协议采购匹配结果审批通过后10日内组织服务商完成具体项目的合同签订工作。

2.合同审核与签署

合同审核应由承办部门发起，根据合同涉及事项送相关业务主管部门、物资管理部门（招投标管理部门）、财务部门、审核部门审核，合同归口管理部门最后审核会签。合同归口管理部门为合同的必经审核会签部门。

合同审核部门与审核人员，应按照公司合同审核管理细则的规定审核合同，并出具审核意见。合同承办部门负责办理合同装订、送签和用印，并应确保签订文本和审核文本一致。

3.合同审查注意事项

（1）合同项目是否经过规定程序批准并取得相关依据。

（2）涉及投资与财务收支的合同项目，是否已列入预算安排、投资计划。

（3）合同当事人确定方式是否符合规定。

（4）合同实质性条款与招投标文件、中标结果是否一致。

（5）合同价款的合理性。

（6）合同结算支付条款的合理性、可行性。

（7）是否按规定正确使用合同文本，条款是否齐备、规范且符合有关规定。

（8）合同审批流程是否选择正确。

（9）经法系统中相关合同信息是否填写准确。

（10）合同对方当事人的主体资格、业务范围、资质、证明文件等是否符合规定或要求。

（11）审查工程承包范围是否与招标文件中的承包范围一致。

（12）发包人与承包人的义务约定是否合理。

（13）专用条款对通用条款关于变更的估价原则、价格调整、计量与支付等部分条款的更改与补充。

二、施工合同管理

（一）合同文本确定

除招标文件中约定合同文本外，施工合同应选用国家电网公司统一合同文本［《10(20)kV及以下配电网工程施工合同》］。此合同文本由国家电网公司每年定期组织修订，并于上半年发布，各单位合同管理人员可通过内网系统下载使用。

《10(20)kV及以下配电网工程施工合同》内容包括工程概况、建设目标、设计文件、工程价款、结算方式、支付方式、材料设备供应、本工程项目的双方代表、双方权利及义务、工程验收和保修、知识产权、保密义务、合同变更和解除、违约责任、索赔、保险、不可抗力、争议解决方式、适用法律、合同的生效、其他事项、特别约定等内容。

（二）合同重点条款

1. 工程价款

采用工程量清单招标的，工程价款确定方式应选择固定综合单价承包；采用框架协议匹配的，工程价款确定方式应选择费率结算价格承包。

双方确定工程价格已充分考虑且包括了但不限于以下费用，合同另有约定时除外。

（1）承包人的窝工损失（包括设备、图纸的暂时脱供）。

（2）设备材料的二次搬运发生的费用。

（3）承包人采购的材料、设备的涨价费用。

（4）发包人采购的材料、设备的保管费。

2. 结算方式

工程价款选择除固定总价承包方式外的，最终工程竣工结算价款由承包人根据设计竣工图纸、设计变更、现场签证等编制施工结算书，经由发包人审核作为工程款结算依据。

工程造价审核时，审核费按照国家规定计取，若核减金额超出送审工程造价一定比例时，则超出部分的费用由承包方承担，具体比例应按造价审核合同约定比例填写。

3. 支付方式

根据《10（20）kV及以下配电网工程施工合同》，预付款中已包含全部安全文明施工措施费，工程预付款宜约定为合同金额的10%；结算款支付至工程结算价的97%，并按工程结算价总额3%的比例预留工程质量保证金。

4. 材料设备供应

发包人应在材料和工程设备到货前通知承包人，承包人应会同监理人在约定的时间内，赴交货地点共同进行验收。承包人对发包人供应的材料和工程设备没有进行必要的检验或经检验不合格仍然使用的，视为承包人对建设工程质量缺陷存在过错，承包人应承担相应责任。验收后，由承包人负责接收、运输和保管。

若发包人发现承包人采购的材料和工程设备与合同约定的施工标准不符，有权要求承包人重新提供，所拖延工期及因此增加费用承包人自行负责。

5. 工程验收和保修

（1）隐蔽工程验收。具备隐蔽条件的工程部位，承包人应在自检合格后通知发包人代表（监理工程师）验收，验收合格并经发包人代表（监理工程师）在检验记录上签字后，承包人才可进行隐蔽和继续施工。

（2）工程验收不合格的补救责任。竣工验收不合格的，承包人应按照验收意见对不合格工程返工、修复或采取其他补救措施，由此增加的费用和（或）延误的工期由承包人承担。

（3）质量保修责任。承包人应按照法律规定，对交付发包人使用的工程在质量保修期内承担质量保修责任。保修期自竣工验收合格之日起计算。具体保修期限如下。

1）基础设施工程、房屋建筑的地基基础工程和主体结构工程，为设计文件规定的该工程的合理使用年限。

2）屋面防水工程、有防水要求的卫生间、房间和外墙面的防渗漏，为5年。

3）供热/供冷工程，为2个供暖/供冷期。

4）电气管线、室内外上、下水工程、设备安装、室内外装修工程及道路工程，为2年。

保修期内承包人应在接到发包人维修通知后及时进行维修，未按上述约定履行无偿维修义务的，发包人有权聘请第三方代为履行，所需全部费用由承包人承担，并赔偿由此给发包人造成的全部损失。

6. 争议解决方式

因合同及合同有关事项发生的争议，双方应本着诚实信用原则，通过友好协商解决，经协商仍无法达成一致的，可选择以下两种方式的其中一种方式处理。

（1）仲裁。提交仲裁，按照申请仲裁时该仲裁机构有效的仲裁规则进行仲裁。仲裁裁决是终局的，对双方均有约束力。

（2）诉讼。向工程所在地人民法院提起诉讼。

7. 安全协议

各建设管理单位应将《国网安徽省电力有限公司城农网外包工程施工反违章管理规定规范（修订）》核心内容以安全协议的形成与外包施工单位约定，作为双方履行权利义务的依据。安全协议范本可直接参考上述规范附录。

三、勘察设计合同管理

（一）合同文本确定

除招标文件中约定合同文本外，勘察设计合同应选用国家电网公司统一合同文本［《10（20）kV及以下配电网工程勘察设计合同》］。此合同文本由国家电网公司每年定期组织修订，并于上半年发布。

《10(20)kV及以下配电网工程勘察设计合同》内容包括工程概况、勘察设计范围、设计目标、合同工期、合同价格、支付方式、审查确认、现场服务、双方的权利和义务、知识产权、保密义务、合同变更和解除、违约责任、索赔、保险、不可抗力、争议解决方式、适用法律、合同的生效、其他事项、特别约定等内容。

（二）合同重点条款

1.投资控制目标

在满足安全质量的前提下，优化工程技术方案，合理控制工程造价，保证工程概算不超估算，严格规范建设过程中设计变更、现场签证，实现工程造价与结算管理目标。

2.合同价格

合同价格为暂定合同价格（采用固定金额报价方式除外），结算合同价格=批复的工程概算勘察设计费×中标折扣比例±履约考核评价金额±合同价格可予调整的金额。

3.现场服务

（1）承包人对所承担勘察设计任务的工程建设项目应配合施工单位提供技术服务，解决施工过程中有关设计问题，负责设计交底（含设备材料订货交底和施工交底），现场解释设计意图，处理设计变更并同时提出施工预算增减表，根据合同约定派驻现场设计代表，参加工程现场调度会、与设计有关的事故分析会，整组调试，工程质量考核评定，启动投运及工程竣工验收，参加启动验收委员会，按要求编写设计总结等文件。

（2）承包人应根据发包人要求及工程进展需要，在土建施工、设备安装和调试阶段及时提供现场服务。

（3）承包人的现场服务应及时、有效。在土建结构施工、电气设备安装、线路施工和调试期间应派设计代表，设计代表应深刻理解设计意图，并能够独立解决现场问题。

四、监理合同管理

（一）合同文本确定

除招标文件中约定合同文本外，监理合同应选用国家电网公司统一合同文本[《10(20)kV及以下配电网工程监理合同》]。此合同文本由国家电网公司每年定期组织修订，并于上半年发布。

《10(20)kV及以下配电网工程监理合同》内容包括工程概况、监理及相关服务范围、工程建设目标、适用法律、监理期限、监理酬金、酬金调整和支付、双方的义务、知识产权、保密义务、合同变更和解除、违约责任、不可抗力、争议解决、生效、份数、特别约定等内容。

（二）合同重点条款

1.投资控制目标

在满足安全质量的前提下，优化工程技术方案，合理控制工程造价，严格规范建设过程中设计变更、现场签证，严格执行合同，做好工程项目结算工作，实现工程造价与结算管理目标。

2.监理酬金

最终以审定的竣工结算建安费为基数所计算的施工监理酬金 × 中标折扣比例 ± 履约考核评价金额 ± 合同价格可予调整的金额。

3.监理项目部

监理人应在施工所在地建立监理项目部。监理项目部在完成合同约定的监理工作后可撤离施工所在地。监理项目部的组织形式和规模，应根据合同约定的服务内容、服务期限、工程类别、规模、技术复杂程度、工程环境等因素确定。

4.人员的委派及调整

本合同履行过程中，总监理工程师及重要岗位监理人员应保持相对稳定，以保证监理工作正常进行。监理人应于合同生效后10天内将监理项目部的组织形式、人员构成及对总监理工程师的任命等文件资料报委托人审批。当监理人员需要调整时，监理人应提前7天向委托人书面报告，征得委托人同意后书面通知承包商。

5.安全协议

各建设管理单位应将《国网安徽省电力有限公司城农网外包工程施工反违章管理规定规范（修订）》核心内容以安全协议的形成与监理单位约定，作为双方履行权利义务的依据。安全协议范本可直接参考上述规范附录。

第五节 管理实务

【案例一】某台区新建工程合同情况。

1.问题及原因分析

（1）该工程勘察设计、施工及监理合同均采用输变电工程标准合同，应优先采用国网公司发布的10（20）kV及以下配电网工程合同文本（包括勘察设计、施工和监理合同）。

（2）施工合同中标通知书下发时间为2020年7月8日，合同签订日期为2020年9月2日，合同签订时间超过规定期限。应在中标通知书发出之日30日内，由发承包双方依据招标文件和中标投标文件签订书面合同。

（3）施工合同中，支付方式条款约定不支付预付款，形成了施工单位垫资施工的情况，同时合同约定预付款中包含安全文明施工费，不支付工程预付款，事实上存在未按期足额支付安全文明施工费，如发生安全事故，建设单位应承担相应责任。

2. 预控措施

（1）加强合同管理，严格履行国家及公司合同管理相关规定，严肃合同管理流程。

（2）重点加强工程价款、税率、支付方式、履约保证金等条款审查，避免因合同条款约定不合理造成合同纠纷及法律风险。

【案例二】某10kV线路改造工程，合同条款约定及结算情况。

1. 问题及原因分析

（1）工程采用自行设置的清单开展施工招标，未执行现行行业清单规范，清单项目特征等关键内容缺失。采用工程量清单方式招标的，应执行行业或地方标准清单规范。清单项目特征等关键内容缺失，容易引起结算争议和合同纠纷。

（2）监理合同约定结算监理费以审定的竣工结（决）算建安费为基数计算的施工监理费×中标折扣比例±履约考核评价金额±合同价格可予调整的金额，实际按合同金额直接纳入结算；勘察设计合同约定设计费结算以批复的工程概算为基数计取，实际设计费结算以施工竣工结算为基数计取。监理费和勘察设计费结算方式与合同约定不符，结算管理不规范。审定的竣工结算建安费一般小于概算建安费，直接按合同金额结算势必造成多支出监理费。

（3）勘察设计合同约定设计单位应提交施工图预算和正式的竣工图，设计单位未按合同约定提交施工图预算，且提交的竣工图只有线路路径示意图，应视为合同违约。勘察设计费中包含施工图预算编制费（为基本设计费的10%）和竣工图编制费（为基本设计费的8%），未提交成果应扣减相应费用。

2. 预控措施

（1）开展招投标相关知识培训，增强建设管理人员依法合规意识和相关知识储备。

（2）加强合同履约管理，严格按照合同条款进行现场资金管理、费用结算和违约考核。

第五章　建设实施阶段

建设实施阶段是把设计文件变成实体，将原材料、半成品、结构件、电气设备等建设投入要素进行组合，形成工程实物状态的过程，是实现配电网工程价值的主要阶段，也是工作量最大且投入的人力、物力和财力最多的阶段。施工阶段工程造价管理的任务主要是根据工程施工过程中发生的实际情况，依照合同约定和公司相关规定，通过工程款支付、工程变更及签证管理、工程量和综合单价核定等造价管理工作，合理确定工程造价，确保工程实际发生的费用不超过批准计划投资，实现提高工程投资效益、控制建设成本的目标。建设实施阶段造价管理主要包括工程资金管理、现场工程量管理、设计变更与现场签证管理、投资计划调整。

第一节　工程资金管理

一、工程预付款

1. 预付款的含义

工程预付款是在工程正式开工前预先支付给承包人的工程款，是用于承包人为合同工程施工购置材料、工程设备，购置或租赁施工设备、修建临时设施，以及组织施工队伍进场等所需的款项，预付款是发包人为解决承包人在施工准备阶段资金周转问题提供的协助，承包人应将预付款专用于合同工程。

2. 预付款支付应满足的条件

（1）承包人的开工准备工作已完成。

（2）合同生效且承包人已向发包人提供与预付款等额的预付款保函。

（3）承包人已向发包人上报提交了工程预付款申报表。

3. 预付款支付程序

施工单位按照合同约定的时间和预付款比例，填报工程进度款（预付款）报审表（见附录B中PWZJ4），报监理项目部审核并签署意见后，报送至业主项目部审批。业主项目部在规定时间内完成审核，并通知施工单位提供有效发票或税务收据，收到有效发票后办理款项支付手续。

二、工程进度款

1.进度款的含义

工程进度款，是指建设管理单位在合同工程施工过程中，按照合同约定对付款周期内施工单位完成的合同价款给予支付的款项。双方应按照合同约定的时间、程序和方法，根据计量结果，办理期中价款结算，支付进度款。

2.进度款支付应满足的条件

正确的工程计量是建设管理单位支付进度款的前提和依据，工程进度款应严格按照工程进度和合同条款实施计量支付，并符合以下三个原则。

（1）不符合合同文件要求的工程量不予计量和支付。

（2）按合同文件所规定的方法、范围、内容和单位计量和支付。

（3）因施工单位原因造成的超出合同工程范围施工或返工的工程量，建设管理单位不予计量和支付。

3.进度款支付程序

（1）施工单位按照合同约定的时间和预付款比例，填报工程进度款（预付款）报审表。

（2）监理单位结合工程现场核查施工单位提交的进度款报审资料，并签署审核意见后，报送至业主项目部审批。

（3）业主项目部按照合同约定和现场实际工程进度完成审批，并通知施工单位提供有效发票或税务收据，收到有效发票后办理款项支付手续。

第二节　现场工程量管理

施工阶段工程量管理为工程进度款支付、工程竣工结算及解决工程建设过程的经济纠纷提供依据。

一、施工工程量管理

（1）施工工程量的确定。施工工程量的计算必须是实际发生并经确认的工程量。工程实际完成工程量应由项目管理、设计、施工、监理和外部审计等单位以会审后的施工图纸、设计变更和现场签证为依据进行工程量计算及审核。

（2）施工工程量的调整。在施工过程中若发现招标工程量清单中出现漏项、工程量计算偏差，以及工程变更引起工程量的增减，应按承包人在履行合同义务过程中实际完成并应予以计量的工程量计算。

（3）隐蔽工程工程量管理。工程承包人实际完成的隐蔽工程量应以工程项目隐蔽工程记录（见附录B中PWZJ5）上记载的工程量为准。监理人应及时组织已完隐蔽工程的检查验收，做好验收记录，并将工程验收资料保存完好、及时移交，承包人应配合监理人对隐蔽工程进行验收。对于承包人报送的隐蔽工程费用签证单应形成录像、图片等文件资料，作为纳入工程结算的证明性材料。

（4）项目管理部门应督促施工单位规范应用配网工程现场施工管控App，每日完成工作量应在施工管控App中据实填报。

二、甲供物资量管理

1.过程管理

工程施工阶段建设管理单位应及时掌握甲供物资的供货情况，将设计单位提供的设备材料清册与现场实际物资使用量进行对比，确保甲供物资工程量的准确性。

2.物料平衡

工程竣工验收后7日内，项目管理单位与物资部门配合完成ERP系统物料平衡工作。

（1）施工项目部、监理项目部和业主项目部共同核对实领数量和施工数量，计算出量差（实领数量－施工数量），形成10（20）kV及以下配电工程工程量核定表（见附录B中PWZJ6），并经三方确认后签字盖章。其中，实领数量可根据项目管理部门通过ERP系统导出项目实际出库材料清单查询，施工数量可根据施工管控App或施工图纸加变更签证工程量计算得出。

（2）根据物资工程量核定结果，形成工程项目退（补）料清单（见附录B中PWZJ7），签字盖章后由项目管理单位提交至物资部门，在ERP系统内完成物资退补料工作。

3.拆旧物资管理

（1）施工单位完成现场拆旧工作，项目管理部门、物资部门、财务部门、技术鉴定部门按照各自职责对拆旧拟报废物资数量进行盘点，对报废物资进行鉴定，对报废价值进行评估，最终完成拆旧物资技术鉴定表、（非）固定资产废旧物资报废审批表、报废物资移交单的签章确认。

（2）拆旧物资具体管理流程。由项目管理单将设计文件中的废旧物资回收计划提供至物资管理部门，实物管理部门对拟报废物资进行技术鉴定，得出鉴定结论，并对拆旧物资技术鉴定单进行签章确认，财务部门完成对报废物资的报废价值进行评估，并会同实物管理部门、使用保管单位共同完成废旧物资报废审批表的签章确认，由项目管理单位委托施工单位将审批后的废旧物资移交至物资管理部门，最终由物资管理部门依据废旧物资回收计划，结合旧料回收率、再利用情况审核施工单位上报的废旧物资数量，并完成报废物资移交单的签章确认。

（3）废旧物资回收范围包括线路拆旧的铁塔、铁件和金具、导线、配电变压器、电度表、各种开关、金属表箱等。不可再利用水泥杆和绝缘子不列入回收物资范围。

第三节　设计变更及现场签证

一、基本含义

1.设计变更的含义

设计变更是指工程实施过程中因设计或非设计原因引起的对施工图设计文件的改变。设计原因是指设计单位的勘察设计深度、设计文件内容等设计质量的原因。非设计原因是指工程建设环境、政策法规和标准规范发生变化，或施工、监理、项目管理等单位要求改变的原因。

设计变更按照变更内容或金额大小分为一般设计变更和重大设计变更。一般设计变更是指建设规模发生调整或技术方案发生变更，且调整变更引起的工程投资增减额小于审定概算10%。重大设计变更是指除一般设计变更外的设计变更。

2.现场签证的含义

现场签证是指在施工过程中除设计变更外，需发承包双方确认的其他涉及工程量增减、合同内容和预算定额未明确事项签认的证明。

二、范围和作用

配网工程设计变更与现场签证管理主要包括提出、审批、执行和文件归档。设计变更与现场签证主要涉及（但限于）以下内容。

（一）设计变更主要涉及事项

1.设计原因类

由设计单位提出的需相关参建单位签认的事项，一般均认定为设计变更。

2. 非设计原因类

一般涉及路径（位置）、架设（敷设）方式、物料选型及基础型式（防护）等方面的变化。

（1）工程建设环境发生变化。因自然保护区、森林公园、地质公园、风景名胜区、世界文化自然遗产等生态红线调整，美丽乡村建设、居民异地搬迁、建设用地征用等国土（专项）规划调整或负荷点调整，道路、铁路等改扩建，青苗赔偿、民事协调、地质灾害防范等原因，引起的对施工图设计文件的改变。

（2）政策法规和标准规范发生变化。国家、行业、国家电网公司、省级公司等配网规划、设计、建设、改造等技术标准及管理要求变化，引起的对施工图设计文件的改变。

（3）其他参建单位要求改变。因施工安全、工程进度、建设质量等管控需要，引起的对施工图设计文件的改变。

（4）其他经各相关参建单位协商认定为需办理设计变更的事项。

（二）现场签证主要涉及事项

（1）地质认定变化类签证。因同一坑、槽、沟内出现两种或两种以上不同土、石质，施工与可研初设阶段认定的地质类型不一致，施工方式和难度发生变化导致费用计列的变化（此项须设计单位签认）。

（2）运输变化类签证。因地形地貌、运输难度、设备及材料保管地、施工料场变化等原因，导致汽车或人力运输的方式、实际距离发生变化（此项须设计单位签认）。

（3）土石方量变化类签证。因设备、材料运输困难或现场安全风险较大需修筑辅助道路，或因民事、自然灾害等原因导致设备基础被回填需重复施工而发生的变化。

（4）安装变化类签证。因施工跨越量改变，或因民事、自然灾害等原因导致设备需重复施工（迁移、再建）而发生的变化。

（5）其他经各相关参建单位协商认定为需办理现场签证手续的事项。加强设计变更和现场签证管理，能规范工程各参建单位的行为，能保证图纸等技术资料及时准确的到位，将有利于工程进度按时推进、施工管理规范有序、竣工结算顺利进行，有利于合理确定和有效控制工程造价，减少或避免造价纠纷，维护发承包双方的合法权益。

三、估价原则

（1）已标价工程量清单中有适用于变更工作的子目的，采用该子目的单价。

（2）已标价工程量清单中无适用于变更工作的子目，但有类似子目的，可在合理范围内参照类似子目的单价，由监理人按相关条款商定或确定变更工作的单价。

（3）已标价工程量清单中无适用或类似子目的单价，可按照成本加利润的原则，由监理人按相关条款商定或确定变更工作的单价。

（4）设计变更费用应根据变更内容对应预算的计价原则编制。

（5）现场签证费用应按合同确定的原则编制，签证工程量应为实际发生工程量。

（6）对于合同约定可调整的建设场地征用及清理类现场签证，承包人需及时提供赔偿协议、原始票证、赔偿明细清单等支撑性材料，作为现场签证依据性资料按实结算费用，建设场地征用及清理赔偿费用不得采用现金支付方式。

四、审批流程

1.设计变更审批流程

（1）设计变更的提出。因设计原因提出的设计变更，应由设计单位出具设计变更审批单（见附录B中PWZJ8）后进入审批流程。因非设计原因提出的设计变更，由施工、监理或业主等单位出具设计变更联系单（见附录B中PWZJ9），经业主单位或监理单位交办，设计单位于5个工作日内出具设计变更审批单后进入审批流程。

（2）设计变更的审批。出具设计变更审批单后，设计单位应及时通知相关参建单位，业主单位于10个工作日内组织完成审批。设计变更应由设计单位、监理单位、施工单位、业主单位依次签署确认。县级公司重大设计变更需经地市公司项目管理单位审批。

（3）设计变更的执行。设计变更经各相关参建单位签署确认后，由监理单位下发现场执行。

2.现场签证审批流程

（1）现场签证的提出。由施工单位提出现场签证办理请求，出具现场签证审批单（见附录B中PWZJ10）后进入审批流程。

（2）现场签证的审批。出具现场签证审批单后，施工单位应及时通知相关参建单位，业主单位于10个工作日内组织完成审批。现场签证应由施工单位、监理单位、业主单位依次签署确认。

（3）现场签证的执行现场签证经各相关参建单位签署确认后，由监理单位下发现场执行。

五、管理要求

（1）设计变更与现场签证未通过审批，超出施工图设计文件自行增加的工程量，以及由此导致施工返工而增加的工程量不予费用计列。

（2）特殊情况下，按照“一事一议”原则，由设计变更及现场签证提出方商请各相关参建单位确认后，由监理单位发布执行指令。由此引起的设计变更与现场签证，于执行之日起15个工作日内，按上诉相关规定补办签署意见。未按规定补办设计变更及现场签证签署意见的，视为放弃该项增加的工程价款，项目管理单位不应将此项作为工程价款计算的依据。

（3）设计变更及现场签证文件的格式要求。设计变更文件应准确说明工程名称、变更的卷册号及图号、变更原因、变更提出方、变更内容、变更工程量及费用变化金额，并附变更图纸和变更费用计算书等。

（4）现场签证应详细说明工程名称、签证事项内容，并附相关施工措施方案、纪要或协议、支付凭证、照片、示意图、工程量及签证费用计算书等支撑性材料。

（5）各参建单位相关人员在签署意见时应明确具体的意见内容，设计变更与现场签证费用应由相关单位技经人员签署意见，并加盖造价专业资格执业印章。配电网工程设计变更、现场签证审批单、工程设计变更联系单等附表及附件应严格执行国家电网公司通用制度规定的格式要求。

（6）设计变更及现场签证的文件归档。设计变更与现场签证流转资料要求完整齐全并归档保存，相关单位应及时归档保存设计变更与现场签证文件，归档资料应字迹清晰，手续齐全。引起费用变化的设计变更与现场签证，监理单位应及时整理报送业主项目部，作为工程结算的依据。设计单位编制的竣工图应准确、完整地体现所有已实施的设计变更，符合归档要求。

第四节 投资计划调整

一、投资计划调整

1.常规配电网项目

常规配电网项目投资计划调整由地市公司组织，由项目主管部门或县级公司提出项目投资计划调整申请，填写配电网工程项目计划规模调整表（见附录B中PWZJ11），地市公司运检部会同财务部、专项办共同审查确认并批复调整，报省级公司备案。

2. 重点项目

公司单独明确的重点项目投资计划调整应报省级公司审批或备案。

（1）省级公司设备部按照国家相关规定，对纳入中央预算内的农网改造升级工程，按批次组织计划调整、报批和下达等工作。各单位要确保批次计划调整需求的准确性，经省能源局批复同意后的单项工程投资计划，原则上不再进行调整。

（2）对其他重点项目，单项工程投资计划调整在10%以内的（含10%），由项目主管部门或县级公司提出项目投资计划调整申请，地市公司运检部会同财务部、专项办共同审查确认并批复调整，报省公司备案；单项工程取消、调增或投资计划调整超过10%以上的，由地市公司行文报送项目投资计划调整申请，省级公司设备部会同财务部、专项办共同审查确认并批复调整。

3. 投资计划调整相关要求

（1）目前配电网项目一般按当年下达当年投产和当年下达次年投产来安排工程进度，对应的计划管理周期即为计划下达年，以及计划下达年和次年。投资计划下达后，各单位要抓紧推进项目实施，确保在计划管理周期内完成工程建设。投资计划调整原则上仅在计划管理周期内进行且一般只允许调整1次。

（2）对于历史遗留的、计划管理周期外的项目投资计划调整，参照上述重点项目投资计划调整要求和流程进行，同批次计划项目投资计划调整前和调整后整体规模应基本一致。对于超过两年仍未实施或已明确不具备实施条件的项目，优先考虑取消项目建设。

（3）项目投资计划调整不得变更主要技术方案，10kV项目不得调整变压器台数、容量和线路条数、接线方式、架空/电缆形式。若确需变更项目对主要技术方案时，地市公司运检部应会同相关部门，组织经研院所进行技术经济性论证后，明确调整方案。

二、财务预算调整

（1）单项工程投资计划调整完成后，地市公司财务部依据运检部提供的项目调整文件进行财务预算调整。对于重点项目，由省级公司财务部依据各业务部门的会签文件和地市公司投资计划调整请示，进行项目预算调整。

（2）因单体项目预算调增导致突破本地区电网基建年度投资规模的单位，报省级公司财务部审批。

（3）续建及结转项目调整后的年度预算不得超过项目剩余总投资（剩余总投资=总投资－截止上年末累计发生数），总投资调整流程与新建项目一致。

第五节 管理实务

【案例一】某线路改造工程，建设过程中存在以下情况。

1.问题及原因分析

（1）拉盘、电缆顶管及钢管塔基础施工无隐蔽工程验收记录。拉盘、电缆顶管及钢管塔基础属于隐蔽工程，监理单位未严格落实《电力建设工程监理规范》（DL/T 5434—2012）、《国家电网公司城乡配网建设与改造工程业主、监理、施工项目部安全管理工作规范》（安质二〔2017〕56号）、《国网设备部关于印发10（20）kV及以下配电网工程业主、监理、施工项目部标准化管理手册的通知》（设备配电〔2019〕20号）等文件要求监理，及时组织上述隐蔽工程的验收记录，并将工程验收资料保存完好、及时移交。

（2）工程采用AC10kV，YJV，400，3，22，ZC电力电缆，竣工图两处电缆折单长度为2.19km，ERP系统显示电缆长度2.366km，结算报告电缆长度为2.451km。电力电缆竣工图、ERP系统、实际结算三量均不一致，工程结算前未完成物料平衡工作，造成结算无法反应工程实际。

2.预控措施

（1）加强现场工程量管理，尤其是隐蔽工程，应督促监理单位完成现场监理规定动作，并督导监理单位收集、收全相关现场证明材料，作为工程结算的依据。

（2）工程结算前按规定完成物料平衡工作，项目管理单位应加强与物资部门配合，确保结算量与图纸量、ERP系统量一致，未完成物料平衡的不能开展工程结算。

【案例二】某台区改造工程，建设过程中存在以下情况。

1.问题及原因分析

（1）工程初设批复架设10kV导线长度折单1.39km，实际竣工10kV导线长度折单2.63km，超批复工程量89.2%，未按要求履行设计变更与现场签证手续。建设规模在建设施工过程中发生调整，属于重大设计变更，应履行重大设计变更审批程序。

（2）初设概算及施工图预算中人力运输距离为0.1m，汽车平均运输距离为10km；工程结算时，人力运输距离为0.5m，汽车平均运输距离为20km，未见签证或设计变更。运输距离调整，特别是人力运输距离调整对结算费用影响较大。根据公司设计变更及签证管理规定，运输距离变化属于重大设计变更，需要包括设计单位在内的各参加方签章确认，方可纳入结算。

（3）工程设计变更审批单和现场签证审批单各方均仅盖章，未签署意见，无法体现各单位对变更签证事项的审核过程及结果，项目变更签证流于形式。

2.预控措施

（1）加强制度文件宣贯，在建设过程中严格履行公司设计变更及签证管理相关规定。

（2）规范签证签署严肃性，各参建单位应签章完整并签署明确意见后，方可纳入工程结算范围。

第六章　工程竣工阶段

工程竣工阶段造价管理是建设项目造价控制的最后环节，也是全面考核建设工作、审查投资使用合理性、检查造价控制情况的重要环节，同时还是投资成果转入生产或使用的标志阶段，在工程造价管理过程中具有非常重要的意义。配电网工程竣工阶段的造价管理，即依据国家的法律法规、公司的相关制度文件，以及工程合同协议等，通过工程竣工结算和财务决算的编制与审核，准确确定工程价款，正确核定新增资产价值。工程竣工阶段造价管理主要包括结算报告编制、竣工结算审计、财务竣工决算、造价资料归档。

第一节　结算报告编制

结算报告包括施工、勘察设计、监理等单位编制的结算文件，也包括项目管理单位编制的全口径结算报告。工程建设各方按合同规定的内容全部完成所承包的工程，经建设单位、业主单位、监理单位、施工单位验收质量合格，并符合合同要求之后开展结算编制工作。竣工结算编制，应按合同约定的工程价款的确定方式等内容进行，当合同中没有约定或约定不明确的，应按合同约定的计价原则及相应工程造价管理机构发布的工程计价依据、相关规定进行竣工结算。

一、施工结算书编制

（1）施工单位应依据施工合同、施工图纸、设计变更与现场签证、乙供设备材料价格信息及材机调整文件等，于工程竣工验收后15日内编制施工结算书并提交项目管理部门。

（2）施工结算文件应包含承包人申请结算的全部费用及相关依据，未在规定时间内提交结算资料或结算资料不齐全的项目不纳入工程结算。

（3）施工结算书编制流程。

1）收集施工合同、中标确认工程报价计算书、施工招标文件、中标成交通知书、初步设计概算和概算书、竣工验收报告、施工图设计和预算书、竣工图、隐蔽工程记录及对应的监理日志、拆旧物资回收资料、设计变更及签证、场地征用及清理等其他费用资料。

2）熟悉工程结算资料内容，进行分类、归纳、整理。

3）收集建设期内影响合同价格的法律和政策性文件。

4）掌握工程项目发承包方式、现场施工条件、应采用的工程计价标准、定额、费用标准、材料价格变化等情况。

5）技经人员依据结算材料进行施工结算编制及核对，并按规定时间报项目管理部门。

二、勘察设计、监理结算书编制

（1）勘察设计、监理等单位应于工程竣工验收后15日内编制相应的工程结算文件，提交项目管理单位。

（2）勘察设计费、监理费结算金额应按照合同约定的价格条款、调整内容及索赔事项计算。

三、全口径结算报告编制

1.结算文件初审

项目管理部门初审结算文件，重点审核工程投产真实性、设计变更和现场签证合规性、竣工资料完备性等结算审核先期必备条件。

2.全口径结算报告编制

在竣工验收后30日内编制完成全口径工程竣工结算书并报审计部门。全口径工程竣工结算书应涵盖施工费用、甲供材料费、设计费用、监理费用及其他费用。

3.全口径结算报告编制流程

（1）依据施工结算文件对施工单位报送的结算书中的“量、价、费”进行审核。对于工程量清单或定额缺项，以及采用新材料、新设备、新工艺的，应根据施工过程中的合理消耗和市场价格，编制综合单价或单价估价分析表。

（2）审核设计、监理结算资料，按照规定计价方式纳入施工结算书。收集ERP材料出库资料，将工程甲供材纳入施工结算书。

（3）工程索赔应按合同约定的索赔处理原则、程序和计算方法，提出索赔费用，经发包人确认后作为结算依据，并纳入施工结算书。

（4）全口径计算工程费用，包括编制建筑工程费、安装工程费、设备工程费、甲供设备费、材料费、乙供材料费用、施工措施项目费、其他项目费、零星工作项目费或直接费、间接费、利润和税金等明细表，确定工程结算书。

（5）工程结算编制人、校对人、审核人分别在工程结算成果文件上署名，并应签署造价工程师或造价员执业或从业印章。结算编制也可以委托有资质的工程造价咨询人进行编制，并签署工程造价咨询企业执业印章。

四、结算报告编制依据与方法

1. 工程竣工结算编制依据

工程竣工结算编制依据包括编制时需要工程计量、价格确定、工程计价等有关参数和率值确定的基础资料，具体内容如下。

（1）建设期内影响合同的法律、法规和规范性文件。

（2）国务院建设行政主管部门，以及各省、自治区、直辖市和有关部门发布的工程造价计价标准、计价办法、有关规定及相关解释。

（3）施工、监理、设计发承包合同、补充合同。

（4）招投标文件，包括招标答疑文件、投标承诺、中标报价书及其组成内容。

（5）工程竣工图或施工图、施工图会审记录，经批准的施工组织设计，以及设计变更（现场签证）、工程洽商、工程索赔和相关会议纪要。

（6）经批准的开工、竣工报告或停工、复工报告。

（7）工程材料及设备中标价等。

（8）双方确认追加（减）的工程价款。

（9）影响合同价款的其他相关资料。

2. 工程竣工结算编制方法

（1）费率结算价格承包。工程结算编制应按现场实际完成量套用定额计算。工程索赔费用应依据发承包双方确认的索赔事项进行结算，其费用列入其他费用分项表中。

（2）清单计价方式。工程量按现场实际完成工程量，单价按照成交合同单价计算。

3. 工程竣工结算内容组成

工程竣工结算书一般包括封面、编制说明、费率表、配电网分项汇总结算表、总结算表、安装工程专业汇总结算表、建筑工程专业汇总结算表、安装工程结算表、建筑工程结算表、其他费用计算表、装材性材料统计表、运重表、运输表、架空人/材/机调整表、电缆人/材/机调整表、地形系数表、混凝土及垫层表、土石方计算表。

五、辅助结算平台应用

安徽省电力公司已上线配电网工程辅助结算平台。该平台可以通过建立物料与定额的匹配关系模型和物料与工程量的映射关系模型，结合实际工程参数，实现定额的自动匹配和工程量的自动计算。

（一）配电网工程辅助结算平台功能操作模块

1.结算管理模块

（1）列表模块。可以查看所有竣工工程。

（2）工程信息模块。可以录入工程结算必要的基础信息。

（3）工程参数模块。可以录入工程结算需要的技经参数。

2.物料平衡模块

可以辅助结算人员完成物料的退补料。该模块可以通过导入物料文件，自动生成物料平衡表。

3.工程量校核模块

可以通过工程量校核页面查看定额数量是否和实际相符，并可手动完善土石方和基础工程等未自动算量的定额数量。

4.其他费用模块

可以选择其他费用的计列方式，同时也可预览生成的结算报表。

5.费用设置模块

可以通过后台系统可对价差系数、建安拆取费系数进行调整，发布不同版本的价差系数，建安拆取费系数。

6.物料定额对应关系模块

可以设置物料定额匹配关系、物料定额匹配关系的数量关系。

（二）配电网工程辅助结算平台具体应用流程

第一步：登录结算模块获取全景智慧平台竣工工程；第二步：获取工程相关信息；第三步：用户完善工程基本信息（包括税率、卸车保管费费率、配送距离、建安设取费费率版本选择、价差费率版本选择、拆除费率版本选择、贷款金额等）；第四步：正确填写技经参数（包括土质比例、地形比例、工地运输距离等）；第五步：实际使用物料和ERP物料做平衡，并导入平衡后物料表；第六步：通过实际使用物料和定额的匹配关系计算工程量；第七步：自动套取定额计算费用，用户确认定额必要时人工干预；第八步：完成其他费用的设置和填写；第九步：导出工程结算。

第二节　竣工结算审计

竣工结算审计是在工程竣工验收后以合同委托内容为对象，根据国家和行业的有关法规、政策和国家电网公司的规定，以承发包合同、工程变更、现场签证等依据，实施有效的造价审核，做出符合工程实际的工程造价审计结果，并出具工程结算审计报告。

竣工结算审计范围包括建筑工程费、安装工程费、设备购置费、设计费用、监理费用和其他费用等。由审计部门负责管理外部审计单位并完成全口径审核工作，对外审报告的真实性、准确性负责。

一、竣工结算审计时限

（1）审计部门在接收全口径工程竣工结算书后，应及时组织外部审计单位开展结算审核。

（2）外部审计单位在收到送审材料后10个工作日内完成审核，并向项目管理单位出具审计报告。

二、工程竣工结算审计依据

（1）建设期内影响合同价格的法律、法规和规范性文件。

（2）与工程结算编制相关的国务院建设行政主管部门以及各省、自治区、直辖市和有关部门发布的建设工程造价计价标准、计价方法、计价定额、价格信息、相关规定等计价依据。

（3）完整、有效的工程结算书。

（4）施工、设计、监理发承包合同、补充合同及有关材料。

（5）招标文件、投标文件（含工程量清单）。

（6）经批准的开、竣工报告或停、复工报告。

（7）工程竣工图或施工图、经批准的施工组织设计、设计变更签证、工程洽商、索赔与现场签证，以及相关的会议纪要。

（8）ERP系统甲供材料、设备清单资料。

（9）隐蔽工程记录及对应的监理日志，拆旧物资回收资料。

（10）场地征用及清理等其他费用资料。

（11）工程结算审查的其他专项规定。

（12）影响工程造价的其他相关资料。

三、竣工结算审计主要内容

竣工结算审计主要审核工程造价管理的真实性、准确性和合规性。重点审核“量、价、费”是否合理，现场签证是否真实、手续齐备，结算依据及相关费用是否真实合规。核实内容涵盖工程建筑工程费、安装工程费、设备材料费和其他费等。

（一）工程量的审核

1. 核对合同内工程量

结合设计图纸、施工现场及验收记录等，核对招标工程量、竣工图工程量和结算工程量是否一致，检查竣工工程内容是否符合合同条件要求，工程内容、设备选型、材料使用是否与图纸要求及定价文件一致。重点审查设备型号、材料种类及数量、杆塔档距、杆位明细、导线跨越、土方挖填量、地形地貌等。对人力运输（含二次人力运输）、装卸费用按照合同约定，结合工程现场签证等资料核实工程量计算的准确性、合理性。地形系数根据工程现场、签证等资料核实工程量计算的准确性、合理性。审查现场实际工程量与竣工图纸量一致性，严防工程项目未开工或未完工先行审核。

2. 核实变更工程量

（1）审查工程量所依据的竣工图、设计变更单、现场签证、隐蔽验收记录等是否经建设单位、设计、监理等相关单位签证确认。

（2）审查纳入工程结算的变更签证单是否与现场一致。审查变更的工程量是否与竣工图、设计变更单、现场签证、竣工工程量计算书（包括设计变更工程量汇总表、施工工程量变更汇总分析表）、结算工程量和工程实体相符，设计变更和现场签证引起的工程量增减是否计算准确。查看施工记录、验收记录、变更签证手续，采取复算法按照统一的计算规则，计算工程量，结合现场测量，核实工程量真实性。重点审查工程量大、单价高，对结算造价影响大、容易重复计算等分部分项工程，核实双向调整工程量的准确性。

（二）工程价款的审核

1. 清单计价方式

审查是否按照法规或合同约定的计价结算方式和程序进行结算。

（1）固定总价合同的审核。审查合同内工程量的真实性。

（2）固定单价合同的审核。主要审查合同中约定综合单价包含的风险范围和风险费用的计算方法，在约定的风险范围内综合单价是否不再调整，风险范围以外的综合单价是否按合同约定调整，调整是否合理；是否按合同规定的计量方法，用实际完成的工程量乘单价得出实际结算价。

1）审查施工单位编制的结算书与投标报价文件是否相符。检查工程量、综合单价、措施费、规费、税金等计量、计取是否正确。

2）审查因分部分项工程量清单漏项或非承包人原因的工程变更，造成增加新的工程量清单项目，综合单价是否按下列方法确定。合同中已有适用的综合单价，按合同中已有的综合单价确定；合同中有类似的综合单价，参照类似的综合单价确定；措施费是否按合同约定的措施费的组价方法计算。重点审查组价合理性。

3）审查施工期内，合同约定的主要建设材料当地信息价相对投标价上涨或下降幅度，在合同约定幅度以内的，是否执行原有的综合单价；在合同约定幅度以外的，是否按合同约定调整，调整的价差是否只计取税金；合同没有约定或约定不明确的，是否按当地或行业建设主管部门或其授权的工程造价管理机构的规定调整。

4）审查措施项目费、其他项目费是否依据合同约定的项目和金额计算；发生调整的，是否以发、承包双方确认调整的金额结算。

5）审查是否按合同规定的计量方法，用实际完成的工程量乘以单价得出实际结算价，计算结果是否正确。

（3）可调合同的审核。

1）审查是否按照合同约定的调整因素调整，调整因素包括法律、行政法规和国家有关政策变化影响合同价款，工程造价管理机构的价格调整，经批准的设计变更，发包人更改经审定批准的施工组织设计（修正错误除外）而造成的费用增加，双方约定的其他因素。

2）审查工程地质、地形、工地运输是否与投标报价文件一致。

3）审查材料价差是否按合同约定的方式进行调整。

（4）审查索赔证据及索赔程序执行是否合规；索赔事项是否真实，是否实际发生；索赔的内容是否准确，责任是否划分清楚；各类索赔工期及费用的计算是否准确，依据是否充分；有无合同违约、违约的原因及违约处理结果。

2. 定额计价方式

审查是否按照法规或合同约定的计价结算方式和程序进行结算。

（1）固定总价合同的审核。审查合同内工程量的真实性。

（2）固定单价合同的审核。主要审查合同中约定综合单价包含的风险范围和风险费用的计算方法，在约定的风险范围内综合单价是否不再调整，风险范围以外的综合单价是否按合同约定调整，调整是否合理；是否按合同规定的计量方法，用实际完成的工程量乘单价得出实际结算价。

（3）审查工程应执行的定额标准相符、换算是否正确，补充定额是否符合编制原则，有无相关部门批复；严查高套、错套及重复套用等现象。重点审查施工工作内容与套用定额的工作内容合理性。如《20kV及以下配网工程预算定额　第三册　架空线路工程》，第六章杆上变配电装置，变压器安装是否重复套用高压引下线安装、接地和单体调试等工作内容。

（三）工程取费的审核

（1）审查工程结算取费是否与投标报价取费及合同约定原则相符，各项费用的计取基础是否符合现行规定。

（2）取费是否根据工程造价管理部门颁发的定额、文件及规定，结合工程相关文件（合同、招投标书等）来确定费率，注意取费文件的时效性、执行的取费是否与农网项目性质相符、费率计算是否正确、人工费及材料价差调整是否符合文件规定等等，对于费率下浮或者总价下浮的工程，在结算时特别要增加造价部分是否同比例下浮。重点审查取费基数的准确性，审查招投标工程取费与投标报价费率一致性或差异性。

（四）设备材料的审核

（1）审查甲供设备材料使用量。对比项目竣工设备材料使用清册、设备材料费用结算表、领料单，结合现场实际，分析设备材料结算量的真实性。

（2）审查运杂费的计取。检查物资采购合同、物资供应服务合同，是否重复计列；对比中标价、结算价、发票价，审查计取标准是否符合相关规定。

（3）审查设备材料增值税抵扣。检查符合增值税抵扣范围的设备、装置性材料是否及时取得增值税专用发票，并及时、足额抵扣；是否有违反物资集约化管理规定，直接以包工包料方式发包给施工企业等影响增值税抵扣行为。

重点审查材料种类、型号、数量及其他工程量审核送审工程结算书，核对ERP系统出库设备材料内容与施工现场的一致性，包括材料种类、型号、数量等。同时审核有无应由甲供设备物资转由乙供的违规行为。乙供的辅材物资是否经过建设单位许可，单价的执行是否公允，依据是否充分。审核结余物资是否及时办理了退料手续，是否存在物资应退未退，同时追查未退物资的转移去向。

（五）建设场地征用及清理费等其他费用审核

重点审查建设场地征用及清理费赔（补）偿项目是否符合规定，是否依据赔偿协议、原始票证、赔偿明细清单等资料据实进行结算，是否虚增赔偿费用或赔偿数量。

四、竣工结算审计报告编制

竣工结算审计报告由受其委托具有相应资质的工程造价咨询人编制、核对、审定，范围包括建筑工程费、安装工程费、设备购置费、设计费用、监理费用和其他费用等。由审计部门负责管理外审单位完成全口径审核工作，对外审报告的真实性、准确性负责。

配电网工程竣工结算审核报告严格按《国网安徽电力审计部关于进一步加强农网改造升级工程结算审计工作的通知》（审计工作〔2020〕16号）编制，具体格式参考工程竣工结算审计报告（见附录B中PWZJ12）。审计报告的附件应包括但不限于工程结算施工/设计/监理费用审核定案表（见附录B中PWZJ13）、竣工结算审核汇总表（见附录B中PWZJ14）、甲供设备材料审定表（见附录B中PWZJ15）。

五、竣工结算审计工作要点

（1）审计人员的选择与安排。委派人员至少一人应具有中华人民共和国注册造价师执业资格，且具备电力工程审核经验的人员，同时具有工作沟通和协调能力。

（2）审核要客观公正。审核工作记录、底稿等过程资料作为审核证据，现场收集资料要及时，取证要客观充分，实事求是，如实准确地审核工程造价。

（3）确保工程100%审核。工程结算审核工作涉及面100%，审核工程项目数量100%，100%到达施工现场进行复核确认工程量，对复核的工程量要保留痕迹。

（4）审核档案资料应完整规范。归档资料包含报告正文、审核定案表、审核明细表、审核结算书(含材料清单)、立项批复文件、施工合同、中标通知书、送审结算书、竣工图、变更签证单等。

（5）严格遵守廉洁和保密承诺。严格遵守审计工作纪律和职业道德规范，客观公正开展审核工作，保守企业商业秘密，履行向被审计单位的承诺。

第三节　财务竣工决算

一、工程财务竣工决算的意义

工程竣工决算管理是工程全过程财务管理的重要组成部分，包括竣工决算体系设计、编报组织、审核审批和分析评价等工作。工程竣工决算管理应遵循

“统一管理、分级负责，全程管控、全面审批”的原则。工程竣工决算管理核心和载体是工程竣工决算报告。

工程竣工决算报告是综合反映工程的建设时间、投资情况、工程概（预）算执行情况、建设成果和财务状况的总结性文件，是正确核定新增资产价值的重要依据。工程竣工决算报告编制应遵循规范流程、统一口径，对应一致、相互衔接的原则，竣工决算要与工程概算一一对应。

二、工程财务竣工决算工作内容

1.结算报账

竣工结算审计报告出具后5个工作日内，地市（县级）公司项目管理部门应依据相关合同约定及结算审计意见，完成工程设计、施工、监理、审计等各项成本费用报账，完成ERP系统物资退补料、自动竣工决算平台中概算和结算信息维护、验收盘点等操作，并将发票、验收盘点表、竣工结算审计报告等资料提交财务部门。

系统报账关闭后原则上不允许再次打开，如遇特殊情况确需重开打开的，履行审批程序后办理入账手续。

2.决算报告编制

（1）地市（县级）公司财务部门在收齐相关资料后，5个工作日内完成工程竣工决算报告编制，及时开展决算审计并转增资产。

（2）竣工决算报告由以下几部分组成。

1）工程竣工决算报告封面及目录。

2）工程项目核准文件、可行性研究报告批准文件、概算批准文件、内控目标批准文件和竣工验收报告。

3）竣工工程全景或主体工程实物彩照。

4）工程竣工决算报告说明书。

5）工程竣工决算报表。

6）其他重要文件。

3.竣工决算审核

地市（县级）公司财务部门应组织内部力量或委托中介机构对竣工决算进行审核，并在决算编制完成后一个月内出具审核报告。地市（县级）公司财务部门根据审核报告，15日内完成财务决算调整。

第四节　造价资料归档

一、造价资料归档的含义

工程竣工资料是指在整个工程建设过程中，包括从立项、审批、采购（含招投标）、设计、施工、调试、监理、竣工验收等一系列活动中直接形成的应当归档保存的文字、图表、声像等各种形式的资料，为已具备归档条件的完整资料。

工程造价资料是指已建成竣工和在建的有使用价值和有代表性的工程初步设计概算、施工图预算、竣工结算、竣工决算等资料。工程造价资料归档是指文件处理部门或业务部门及文件工作者在其造价活动中形成的、办理完毕、应作为文书档案保存的各种纸质文件和电子文件材料，遵循文件的形成规律，保持文件之间的有机联系，区分不同价值，并整理立卷，定期移交给本单位档案部门集中保存的活动过程。工程造价资料的整理和归档是配电网工程必不可少的工作之一。

工程造价资料文件的收集、整理、归档和项目档案的移交要与项目的建设和竣工验收同步进行。按照统一管理、各负其责的业务管理原则，明确项目文件材料的收集整理工作“谁主管、谁负责，谁形成、谁整理”，由电网建设项目法人、建设管理单位（部门），招标、设计、监理、施工、物资供应、监造、调试及运行单位按照自身的管理职责，将项目档案工作纳入有关职责范围、工作标准中，确保项目档案的完整、准确、系统、安全和有效利用。

二、工程造价资料归档内容

建设管理单位作为工程造价工作责任主体，应严格按照造价工作各阶段考核时间保质保量完成造价成果，对施工、设计、监理、物资、其他费用等费用的合规性、准确性进行全面认真审核，规范工程建设费用计列与使用，防范工程建设资金使用风险。结合配电网工程管理实际情况，配电网工程造价资料主要包括以下内容。

（1）批准概算书。

（2）施工图预算书。

（3）施工、勘察设计、监理结算及审价报告。

（4）建设场地征用及清理费用结算资料。

三、工程造价资料归档管理目标

严格按照国家、行业、国家电网公司和项目建设管理单位的有关档案管理规定进行档案管理，将档案管理纳入整个现场管理程序，坚持归档与工程同步进行。确保实现档案归档率100%、资料准确率100%、案卷合格率100%，保证档案资料的齐全、准确、规范、真实、系统、完整；同时保证在合同规定的时间移交竣工档案。

四、建设管理单位归档要求

1. 工程造价资料移交质量要求

归档文件材料应齐全、完整、准确，符合其形成规律；分类、组卷、排列、编目应规范、系统。归档的文件材料应字迹清晰，图标整洁，签字盖章手续完备。书写字迹应符合耐久性要求，不能用易褪色的书写材料（红色墨水、纯蓝墨水、铅笔、圆珠笔、复写纸等）书写、绘制。归档的项目文件应为原件、正本。凡本单位的发文、主送或抄送本单位的收文，都要求以原件归档；合同、协议及工程开工及竣工验收报告等需双方或多方履行签字盖章手续的文件，签字方均应以正本归档。各类记录表格必须符合规范要求，表格形式应统一。各项记录填写必须真实可靠、字迹清楚，数据填写详细、准确，不得漏缺项，没有内容的项目要划掉。归档文件的纸张大小一般为A4幅面，装订边为2.5cm。小于A4幅面纸的应粘贴在A4纸张上，图纸可使用A3幅面纸张。

（1）档案归档率100%。按发包人的档案相关管理规定移交的归档资料齐全、完整，一项不缺。电子版必须与纸质文件一致，不可遗漏。

（2）资料准确率100%。竣工图真实、准确，与设计变更一致；施工记录必须按原始记录填写，数据准确，并经监理人员检查合格签署意见；各项文件必须原件归档，复印件、复写件不能归档；各种记录和文件签字、盖章完备，签字一律使用签字笔。

（3）案卷合格率100%。案卷题名准确、规范，组卷系统、规范，装订整齐，卷内备考表主要注明保管文件材料件数、页数、立卷人、立卷时间、检查人和检查日期等信息。

2. 工程造价资料移交时间要求

单项工程的造价资料，参建单位应在工程竣工验收合格后一个月内整理完毕，并向项目管理部门移交。整体工程竣工投产后，及时完成整体项目档案的归档移交。

3. 工程造价资料移交考核要求

为实现工程档案管理目标，承包人应建立相应的工程档案管理组织机构，专人负责。积极参加档案技术培训，提高档案资料管理水平，确保工程档案资料完整移交。发包人将对承包人的档案管理工作进行考核，发包人对承包人档案管理工作进行考核的具体办法在合同中进行约定。

五、工程造价资料移交档案归档

工程造价资料必须经工程技术人员、监理人员在技术上重核把关后，再办理移交手续，项目通过竣工验收后及时完成档案移交。项目建设单位档案管理部门依据项目档案分类方案对全部项目档案进行统一的汇总整理，编制项目档案案卷目录，建立项目档案管理卷。

第六节　管理实务

【案例一】某架空线路改造工程，结算审核报告中存在以下情况。

1. 问题及原因分析

（1）外部审计单位履责不到位，仅对施工费用进行审核并出具报告，未按审计合同约定对工程设计、监理等费用开展审核。未依据审计合同及《国网安徽电力审计部关于进一步加强农网改造升级工程结算审计工作的通知》（审计工作〔2020〕16号）要求，开展全口径审计。

（2）施工合同约定增值税率为3%，结算书中为3.346%。工程税率计算明显错误，在工程建设领域，国家“营改增”实行已有6年，使用营业税结算暴露出审计单位业务能力不足、责任心不强等问题。

（3）结算审核报告中社会保险费率计列错误，综合费率多计取了夜间施工增加费。社会保险费率应根据省级政府文件及时调整。根据预规规定，架空线路工程（除大跨越工程外）不计取夜间施工增加费。

（4）结算审核报告中定额人工费、定额材机调整系数未执行当时最新调整文件。定额人材机调整系数需执行电力工程造价管理与定额总站发布的最新调差文件，未执行最新文件势必造成费用结算偏差。

2. 预控措施

（1）从源头把控，选择资质、诚信良好的外部审计。竣工结算审核报告由受其委托具有相应资质的工程造价咨询人编制、核对、审定，范围包括建筑工程费、安装工程费、设备购置费、设计费用、监理费用和其他费用等。

（2）审计部门加强对外部审计单位的管控和审核报告的核对，存在明显错误的审核报告应进行考核等或在审核合同中约定相关的措施

【案例二】某台区改造工程，在结算时出现下列情况。

1.问题及原因分析

（1）工程以平地为主，按人力运距1km结算。由于人力运距对结算费用影响较大，必须依据工程实际情况合理确定人力运输距离。

（2）将应包含在设备安装定额内的设备连线、引下线套用高压绝缘架空线定额计取安装费用。已经包含在设备安装定额的设备连线、引下线不应再套定额重复计取安装费用，反应出结算编制与审核时把关不严，造成费用重复计列。

（3）10kV钢管杆基础套用电力建设工程架空输电线路工程（2013估价表版）。配电网工程定额包含钢管杆灌注桩基础相应定额，应直接套用配电网工程定额。

2.预控措施

（1）工程参数的合理取定和定额的正确套用是造价管理基础知识，应加强配电网工程造价专业培训，夯实造价管理基础。

（2）加强对参建单位的考核评价，督促各单位严格落实造价管理职责。

【案例三】某台区新建工程，结算存在以下情况。

1.问题及原因分析

（1）工程竣工时间为2020年11月25日，结算完成时间为2021年3月25日，决算审计完成时间为2021年4月29日。工程结算与决算超期，建设管理单位应在工程验收投产后60日内完成工程结算和报账工作，3个月内完成工程决算工作。

（2）底盘签证量为83块，工程量核定表为166块，结算审定量为33块；卡盘签证量为62块，工程量核定表为124块，结算审定量为64块；拉盘签证量为59块，工程量核定表为124块，结算审定量为63块。结算工程量与签证量、工程量核定表中的量不一致，体现出物料平衡工作未完成，容易引起结算争议，埋下合同纠纷及后期审计风险。

（3）结算多计列基础混凝土浇制125.4m^3。重复计列混凝土浇制将导致施工费用增加，反映出结算审核把关不严，造成投资不合理支出。

2. 预控措施

（1）严格进度计划管理，针对影响结算进度的物料平衡等症结，提前开展工程量核定等工作，与物资部门协调配合，为结算的顺利推进创造条件。

（2）压实各级责任，确保竣工图与现场实际保持一致，采用外部审计单位现场全核对等确定结算工程量和工程实体相符。对结算审核质量问题开展合同考核，督促外部审计单位履责到位。

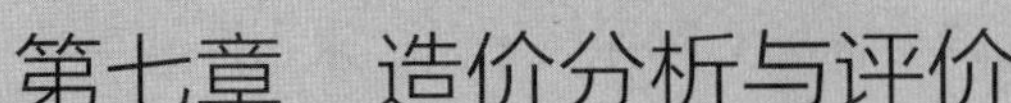

第七章 造价分析与评价

公司定期开展造价分析与评价工作，主要包括造价分析、供应商履约评价和工程造价管理监督检查，旨在推进造价管理的标准化与规范化，丰富造价管理手段，实现管理闭环提升。

第一节 配电网工程造价分析

一、造价分析的含义

（1）工程造价的分析就是以工程造价成果报告等造价资料为基础，将其整体分为各个部分、方面、因素和层次，并分别对其完整性、可信性、适应性、合理性等加以考察、认识的活动。

1）完整性是指造价成果文件应达到规定或合同约定的质量标准和编制深度。

2）可信性是指造价成果应充分反映技术文件的内容、施工现场与交易市场的实际，所依据的基础资料和编制依据应真实、可靠、全面、有效、适用、合规，且造价成果具有可追溯性。

3）适应性是指工程造价应充分反映风险分析结果，使其具有适应外界环境变化的能力。

4）合理性是指工程造价应反映规定时间、特定条件下的正常价格，且不明显偏离类似项目的正常数据（指标）。

（2）配网工程造价分析，是对已完成竣工决算的工程，通过统计造价相关数据，梳理分析工程费用构成和变化情况，查找影响造价的主要因素，掌握趋势，持续完善改进造价管理方法，为公司投资决策提供支持工作。

二、造价分析的作用

（1）检验工程造价成果的准确性，衡量工程造价管理的效果。通过分析，寻求降低工程造价的可能，找准应采取的措施。

（2）积累工程造价资料，寻找相关的造价规律。为预测工程造价和工程造价管理的决策提供科学和有效的参考依据，从而使新建工程的工程造价能更正确地反映工程建设实际，更加科学、经济与合理。

（3）通过造价分析工作可以形成配电网工程当年各类典型方案对应的造价水平指标，用于指导配电网项目前期投资计划。同时，根据造价分析结果提出针对性改进建议，逐步规范配电网项目的作业流程、提升管理水平。规范的作业流程与管理行为亦可促进配电网造价指标的标准化，形成良性循环。

（4）配电网造价分析工作得出的造价水平指标、关键影响因素等成果可指导公司各级单位的配电网投资决策，实现投资管理的优化，服务公司配电网建设中的实际工程管理需要。造价分析工作得出的配电网各类型工程单位造价水平数据可通过逐年的积累形成本省的配电网项目工程造价数据库，利用“大数据”的管理思路，提高配电网项目工程造价前期管理能力，提高资金利用率和计划准确率。根据配电网造价分析得出的造价水平影响因素，在前期设计阶段可优化方案设计，在配电网工程实施阶段可重点控制，以达到投资精准性。

三、造价分析工作开展

（一）工作要求

（1）数据翔实、准确。数据应涵盖配网工程的主要技术指标和造价数据，真实反映工程造价管理的实际情况，满足公司层面造价分析的需要。

（2）内容全面、系统。分析内容应体现公司总体、各区域不同电压等级、不同工程类型、不同通用设计方案的造价水平；关注政策、技术等发展变化，有针对性地开展相关专题分析。

（3）方法传承、创新。坚持方法传承和创新，进一步深化工程造价横向和纵向分析，推行概算、预算、结算、决算全面对比，促进分析结论更加科学。

（4）结论可靠、实用。通过造价分析形成造价趋势及变化规律，为投资决策提供参考。

（二）工作组织

（1）根据国家电网公司设备部通知，下发数据填报模板和分析大纲，布置相关工作，并召开配电网工程造价分析工作启动会，讨论数据填报注意事项和报告撰写安排。

（2）各项目建设单位根据要求开展三类配电网工程的资料上报，由专业技经团队进行集中数据填报工作。

（3）经研院组织各单位对填报数据进行校审，提出修改意见，专业技经团队对数据进行整理、修改工作。

（4）完成终版数据表汇总，并上报国家电网公司总部。

（5）工作小组启动报告和专题编制工作。

（6）完成配电网工程造价分析报告初稿，并召开报告初稿审核会。

（7）根据初审结果对报告进行调整，继续报告的修改完善工作。

（8）工作小组对配电网工程造价分析报告最终定稿。

（9）将配电网工程造价分析报告及专题报告上报国家电网公司设备部。

（三）造价分析的主要内容

1.配电网工程造价影响因素分析

一是全面梳理配网工程造价影响因素，确定分析维度。造价水平影响因素需要在造价水平对比分析时重点考虑，造价精准性影响因素需要在节余率分析中重点考虑，其他间接影响各因素分析需要用到多年的工程数据。二是确定数据收集内容。通过定性分析各因素如何影响配电网工程造价，从而确定需要哪些数据进行分析，在收资表中设置相关指标，为后续分析收集数据。

2.造价水平分析

一是统计典型方案配电网工程造价水平，二是分析不同管理模式对造价水平的影响。将配电网工程项目拆分为配电工程、架空线路工程、电缆线路工程，并根据配电网工程特点进一步细化工程方案，以典型设计和工程实际情况为基础，选取典型技术方案的工程作为研究对象。为体现不同管理方式对造价水平的影响，设置“不同项目单位管理造价水平对比分析”章节，运用第一部分梳理出来的因素进行分析。

3.投资控制情况分析

根据配电网工程特点，以项目为最小单元进行节余率分析，不再按工程类型对项目进行拆分。从总体层面和单个项目层面分别开展。选取节余率偏高的项目重点分析。在“重点项目节余情况分析”和“不同项目管理单位造价管控情况对比分析”中，灵活运用第一部分梳理出来的因素。

四、造价分析指标体系

1.总体造价分析指标

各电压等级单项工程的单位造价总体水平分析指标为

单项工程类型单位造价 = Σ竣工结算总金额 / Σ改造设备容量或改造设备数量。

2.分项费用分析指标

配电网工程各电压等级单项工程的分项费用造价水平：

① 建筑工程费单位造价 = Σ竣工结算建筑工程费 / Σ改造设备容量或改造设备数量；

② 设备购置费单位造价 = Σ竣工结算设备购置费 / Σ改造设备容量或改造设备数量；

③ 安装工程费单位造价 = Σ竣工结算安装工程费 / Σ改造设备容量或改造设备数量；

④ 拆除工程费单位造价 = Σ竣工结算拆除工程费 / Σ改造设备容量或改造设备数量；

⑤ 其他费用单位造价 = Σ竣工结算其他费用 / Σ改造设备容量或改造设备数量。

3. 分项费用投资占比分析指标

配电网工程分项费用占竣工结算总金额比：

① 建筑工程费占比 = Σ建筑工程费 / Σ竣工结算总金额；

② 设备购置费占比 = Σ设备购置费 / Σ竣工结算总金额；

③ 安装工程费占比 = Σ安装工程费 / Σ竣工结算总金额；

④ 拆除工程费占比 = Σ拆除工程费 / Σ竣工结算总金额；

⑤ 其他费用占比 = Σ其他费用 / Σ竣工结算总金额。

4. 各项目管理单位同类工程造价水平分析指标

单项工程类型单位造价 = Σ竣工结算总金额 / Σ改造设备容量或改造设备数量，按项目管理单位分别汇总计算。

5. 典型方案规模占比及单位造价分析指标

① 各方案占比 = Σ该方案改造数量合计 / Σ该电压等级改造数量合计；

② 各方案造价水平 = Σ该方案竣工结算总金额 / Σ该方案改造总数量或总容量。

6. 节余率分析指标

结算概算变化率 =（结算 − 概算）/ 概算 ×100%。

第二节 供应商履约评价

一、履约评价工作意义

在国家电网公司统一指导下，公司以年度为周期定期开展勘察设计、施工和监理服务类供应商的履约评价，持续提升配电网工程服务类供应商履约能力，全面保障配电网工程建设安全、优质、规范、高效。履约评价以“规范履约管理、培育优质队伍、提升建设水平”为目标，坚持“公平、公正”的基本原则，按照“总部指导、省公司组织、市县公司实施”的工作模式，建立健全配电网工程服务类供应商履约评价管理体系，压紧压实工程管理主体责任，丰富评价方式，优化评价方法，加强服务类供应商名录动态管理，深化评价结果应用，切实发挥“以评促管、以管促优”作用。

二、评价内容

（一）评价维度

服务类供应商履约评价分为综合能力评价和工程实施质量评价两部分。其中：综合能力评价包括人员配置、人员资格、装备配备、项目部建设、管理制度等方面内容；工程实施质量评价包括单项工程执行中的安全管理、质量管理、进度管理、造价管理、队伍管理、档案管理等方面内容；单独设立否决项条款和加减分项。

（二）评价方式及算法

服务类供应商履约评价得分、综合能力评价得分和工程实施质量评价得分均采用百分制，满分100分，超过100分按100分计列，单项累计扣分上限不超过单项总分（施工安全管理除外）。

1. 县级公司评价

各县级公司根据评价细则，结合配网工程日常管理工作及进度安排，对所辖范围内服务类供应商履约情况开展评价。各供应商否决项条款、综合能力评价、加减分项按照“一单位一评价”方式，每年度评价一次；工程实施质量评价按照“一项目一评价”方式，以项目为单元，每年度定期评价，建议计算公式为

某供应商在县级公司工程实施质量评价得分=∑项目实施质量评价得分/该供应商在该县级公司参评项目总数

2. 地市公司评价

地市公司收集县级公司否决项条款、综合能力评价、工程实施质量评价、加减分项评价结果，组织开展现场核查，并将现场核查情况纳入供应商履约评价结果，汇总上报省级公司。针对跨县级公司的供应商，综合能力评价按照简单算术平均值计算，工程实施质量评价按照加权平均值计算，建议计算公式为

① 跨县（区）供应商在地市公司综合能力评价得分=∑该供应商在县级公司综合能力评价得分/同一地市公司下对该供应商有评价数据的县级公司总数；

② 跨县（区）供应商在地市公司工程实施质量评价得分＝Σ（该供应商在该县级公司工程实施质量评价得分×该供应商在该县级公司参评项目总数）/该供应商在该地市公司参评项目总数。

3. 省级公司评价

省级公司设备部（配网管理部）收集地市公司否决项条款、综合能力评价、工程实施质量评价、加减分项评价结果，组织开展核查，并将核查情况纳入供应商履约评价结果，汇总供应商履约评价最终得分，划分评价等级，按时完成年度履约评价工作，并将经物资部门公示后的履约评价结果上报国家电网公司设备部。针对跨地市公司的供应商，综合能力评价按照简单算术平均值计算，工程实施质量评价按照加权平均值计算，建议计算公式为

① 跨地市供应商在省公司综合能力评价得分＝Σ该供应商在地市公司综合能力评价得分/同省公司下对该供应商有评价数据的地市公司总数；

② 跨地市供应商在省公司工程实施质量评价得分＝Σ（该供应商在该地市公司工程实施质量评价得分×该供应商在该地市公司参评项目总数）/该供应商在该省公司参评项目总数。

供应商履约评价周期内出现任一否决项条款的，供应商履约评价得分直接认定为0分。评价周期内未出现任一否决条款的，供应商履约评价得分按照综合能力评价得分、工程实施质量评价得分加权计算，原则上建议采用如下计算公式：

供应商履约评价最终得分＝供应商在省公司综合能力评价得分×30%+供应商在省公司工程实施质量评价得分×70%+供应商所有加分项－供应商所有减分项

根据服务类供应商履约评价最终得分结果，按A、B、C、D四个等级进行划分：

A级——90分及以上；B级——80~90分之间，含80分；C级——60~80分之间，含60分；D级——60分以下。

4. 总部备案

各省级公司将服务类供应商履约评价结果报国家电网公司设备部备案，国家电网公司设备部组织中国电科院根据各省公司评价结果建立公司配网工程服务类供应商履约评价结果库。

三、评价结果应用

评定发布的服务类供应商履约评价结果，作为本省范围后续配网工程服务采购的重要参考依据，确保履约评价结果与服务采购形成闭环联动。

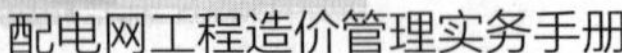

1.应用原则

在一个评价周期内，评价为A、B级的服务类供应商，在下个周期服务类供应商采购中给予适当加分；评价为D级的服务类供应商，按照招标文件及《国家电网公司供应商不良行为处理管理细则》［国网（物资/4）249—2020］相关规定，采取约谈、处罚、调减框架中标份额、终止服务合同等方式处理，督促其加强内部管理，D级服务类供应商在后续批次招投标中予以扣减分值处理。

2.新进供应商应用方式

无评价数据的省内新进服务类供应商，在后续服务评标过程中，原则上参照B级评价结果应用。

3.不良供应商行为处理

评价周期内出现任一否决项条款、评分为0分的，参考《国家电网有限公司供应商不良行为处理管理细则》［国网（物资/4）249—2020］，由物资部门采取暂停中标资格、列入黑名单处理等措施实施禁入管理。

第三节　工程造价管理监督检查

一、监督检查工作意义

工程造价管理监督检查，是对近两年内已竣工结算的工程，从项目立项至财务决算全过程造价管理成效的"回头看"，旨在通过问题查摆和整改闭环，加强配电网工程合规管理，推动造价管理水平提升。

二、检查内容

1.检查主要内容

（1）项目储备管理。项目必要性和经济性论证、可研报告深度及编制单位资质、规划及建设方案落实情况。

（2）过程造价管理。工程建设时序规范性情况、工程服务类招标采购情况、工程物资类招标情况、设计变更与现场签证审批情况、物资管理情况。

（3）工程结算管理。结算及时性、资料完备性、结算精准性、结算规范性。

（4）重点费用计列与使用。项目法人管理费、建设场地征用及清理费等。

2.检查资料

检查资料包括但不限于：地区配电网规划报告、工程项目批复、核准文件（如有）、可行性研究报告、初步设计说明书（或可研设计一体化报告）、施工图、可研估算、初设概算、施工图预算、招投标文件或匹配过程材料、勘察设计/施工/监理合同、外委审计合同、设计变更、现场签证审批单、隐蔽工程验收记录、拆迁赔/补偿支撑材料、工程量核定表、ERP材料表、物资退/补料单、剩余物资拆旧、移交记录、竣工验收报告、工程项目竣工基本情况表、投资计划调整申请报告及批复文件、竣工图纸、施工结算书、竣工结算审核报告、施工/设计/监理费结算审核定案表、财务决算报告、财务审计报告。

三、检查流程

1. 成立检查专家组

检查专家组由省级公司设备部选定。检查组以技经专家队伍成员为主，视情况可增加项目管理单位、地市经研院所、设计单位、造价咨询单位等技术骨干。每个检查组设组长一名，负责具体牵头检查工作。检查组成员应涵盖有造价专业、规划专业和技术专业。

2. 项目抽取

检查组根据各单位工程节点计划详细信息，每个地市（县级）公司抽取3~5个项目，确定检查项目清单。项目确定后，省级公司设备部下发正式检查通知，各单位提前准备相关资料备查。

3. 检查流程

（1）专家组检查。检查组成员详细查阅工程档案资料，核对ERP物资与财务数据，查摆项目在依法合规建设、过程造价管控、结算精准规范、规划与技术方案落地等方面是否存在问题，并形成问题清单，留存照片等记录材料。

（2）问题沟通与总结。检查组与被检查单位就查摆的问题清单开展沟通交流。检查组提交检查报告，省级公司设备部和经研院对检查情况进行总结。

四、检查结果应用

（1）每次检查问题纳入由省级公司设备部予以通报点评。

（2）检查报告由省级公司设备部下发至各市公司，地市公司组织有关单位开展问题整改，并于1个月内向省级公司设备部及经研院反馈书面的整改报告。

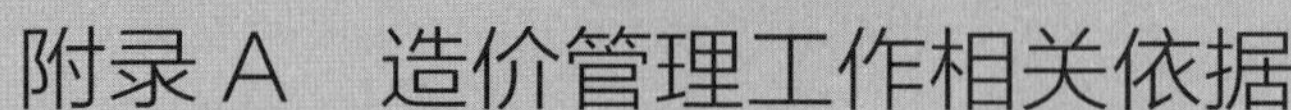

附录A　造价管理工作相关依据

A.1 国家、行业有关法律、法规、规程及规范类

（1）《中华人民共和国民法典》；

（2）《建筑工程施工发包与承包计价管理办法》（住房和城乡建设部令第16号）。

A.2 行业现行计量计价依据类

（1）《20kV及以下配电网工程建设预算编制与计算规定（2016年版）》及其使用指南。

（2）《20kV及以下配电网工程预算定额（2016年版）》。

（3）《20kV及以下配电网工程工程量清单计算规范》（DL/T 5766—2018）。

（4）《20kV及以下配电网工程工程量清单计价规范》（DL/T 5765—2018）。

A.3 国家电网公司、省级公司相关制度、文件及办法类

（1）《国家电网有限公司10（20）千伏及以下配电网工程项目管理规定》[国网（运检/2）921—2019]。

（2）《国家电网有限公司工程财务管理办法》[国网（财/2）351—2020]。

（3）《国网设备部关于印发10（20）千伏及以下配电网工程业主、监理、施工项目部标准化管理手册的通知》（设备配电〔2019〕20号）。

（4）10（20）千伏及以下配电网工程勘察设计合同（试行）（2022版）。

（5）10（20）千伏及以下配电网工程施工合同（试行）（2022版）。

（6）10（20）千伏及以下配电网工程监理合同（试行）（2022版）。

A.4 安徽省电力公司相关制度、文件及办法类

（1）《国网安徽省电力有限公司关于简化35千伏及以下业扩配套项目及10千伏电网基建项目前期工作管理流程的通知》（电发展工作〔2018〕73号）。

（2）《国网安徽省电力有限公司发展部关于明确配电网投资计划、预算等相

关工作要求的通知》（发展工作〔2019〕13号）。

（3）《国网安徽省电力有限公司关于印发城农网外包工程施工反违章管理规范（修订）的通知》（电安监工作〔2019〕47号）。

（4）《国网安徽电力审计部关于进一步加强农网改造升级工程结算审计工作的通知》（审计工作〔2020〕16号）。

（5）《国网安徽省电力有限公司关于实施10（20）千伏及以下配电网项目可研设计一体化管理的通知》（电设备工作〔2020〕130号）。

（6）《国网安徽省电力有限公司关于进一步加强配电网工程建设管理的工作意见》（皖电专办〔2020〕134号）。

（7）《国网安徽省电力有限公司关于规范零星工程与服务框架协议采购结果应用的指导意见》（皖电物资〔2020〕162号）。

（8）《国网安徽省电力有限公司关于进一步明确10千伏及以下配网工程计费标准的通知》（电设备工作〔2020〕193号）。

（9）《国网安徽省电力有限公司关于印发配网工程设计变更与现场签证管理意见（试行）的通知》（电设备工作〔2020〕215号）。

（10）《国网安徽省电力有限公司关于优化调整配电网规划相关职责界面的通知》（电人资工作〔2020〕217号）。

（11）《国网安徽省电力有限公司关于规范零星工程与服务框架协议采购结果应用的指导意见》（皖电物资〔2020〕162号）。

（12）《国网安徽省电力有限公司专项办关于印发配网工程预（概、估）算模板（2021版）的通知》（专办工作〔2021〕0001号）。

（13）《国网安徽省电力有限公司转发电力定额总站关于发布增值税简易计税方式下20kV及以下配电网工程计价调整办法的通知》（电设备工作〔2021〕27号）。

附录 B　造价管理工作标准化模板

PWZJ1：零星工程与服务框架协议匹配需求申请表

零星工程与服务框架协议匹配需求申请表

申报部门：××（盖章）　　　　　　　　　　申报时间：　　年　　月　　日

序号	申报单位	服务类型	采购申请	行项目	项目名称	工程概况/项目实施简要说明（30字以内）	项目编码	项目批复文号	项目概算（万元）	申报部门	申报人	归口管理部门	开工/竣工时间	备注
承诺：以上需求的工程量均不包含应纳入网省两级招标采购的需求														

分管领导：　　　　　　　　部门负责人：　　　　　　　　申报人：

PWZJ2：零星工程与服务框架协议采购匹配结果会签审定表

零星工程与服务框架协议采购匹配结果会签审定表

<table>
<tr><td>会议时间</td><td colspan="2">年　　月　　日</td><td>会议地点</td><td></td></tr>
<tr><td rowspan="4">成员
单位
会签
意见</td><td colspan="4">同意运维检修部申报项目及推荐匹配服务商名单。</td></tr>
<tr><td colspan="2">项目管理部门：

签字（章）：</td><td colspan="2">物资供应分中心：

签字（章）：</td></tr>
<tr><td colspan="2">办公室：

签字（章）：</td><td colspan="2">纪委办公室：

签字（章）：</td></tr>
<tr><td colspan="2">安全监察部：

签字（章）：</td><td colspan="2"></td></tr>
<tr><td>分管
领导
审批
意见</td><td colspan="4">审批意见：

签字：
时间：</td></tr>
</table>

PWZJ3：零星工程与服务框架协议执行情况公示

零星工程与服务框架协议执行情况公示

截至××××年××月××日，××供电公司××××年×季度零星工程与服务框架协议执行情况已完成汇总统计，现将执行情况公示如下：

单位：万元

序号	单位名称	服务类别	分标编号	包号	框架服务商	本期执行金额	累计执行金额	累计权重占比

备注：1.分标编号、包号、框架服务商名称须与省级公司发布的零星工程与服务框架协议成交结果公告完全一致。

2.累计权重占比=各框架服务商累计执行金额/服务类别在框架执行期内累计执行金额。

3.地市公司负责公示本单位的施工运检以及本单位和所辖县监理和设计执行情况。县级公司只负责公示本单位的施工运检业务执行情况。

××供电公司（公章）

××××年××月××日

PWZJ4：工程进度款（预付款）报审表

工程进度款（预付款）报审表

工程名称：　　　　　　　　　　　　　　　编号：

<table>
<tr><td>致监理项目部：
我项目部于______年____月____日至______年____月____日共完成____________，根据合同约定，特申请支付进度款（预付款）　　元，请予审核。
附件：施工工程完成情况月报

施工项目部（章）：
项目经理：
日期：</td></tr>
<tr><td>监理项目部审核意见：

监理项目部（章）：
总监理工程师：
专业监理工程师：
日期：</td></tr>
<tr><td>业主项目部审批意见：

业主项目部（章）：
项目经理：
日期：</td></tr>
</table>

注 1.本表一式　份，由施工项目部填报，业主项目部、监理项目部各　份，施工项目部存　份。

2.每月　日前，由施工项目部填报，监理单位审查，报业主项目部审批，列入下月资金计划。

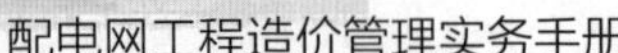

PWZJ5：工程项目隐蔽工程记录

工程项目隐蔽工程记录

项目名称：

<table>
<tr><td colspan="2">工程项目地点：</td><td>开工时间：</td></tr>
<tr><td colspan="2">施工负责人签名：</td><td>竣工时间：</td></tr>
<tr><td colspan="3">施工人员签名：</td></tr>
<tr><td colspan="3">施工记录</td></tr>
<tr><td>施工项目</td><td>工程记录</td><td>工程负责人签名</td></tr>
<tr><td>杆塔施工</td><td></td><td></td></tr>
<tr><td>底盘施工</td><td></td><td></td></tr>
<tr><td>拉盘施工</td><td></td><td></td></tr>
<tr><td>卡盘施工</td><td></td><td></td></tr>
<tr><td>接地极施工</td><td></td><td></td></tr>
<tr><td>基础护坡</td><td></td><td></td></tr>
<tr><td>其他</td><td></td><td></td></tr>
<tr><td colspan="2">施工负责人：</td><td>记录时间：</td></tr>
<tr><td colspan="3">监理意见：
监理工程师：
记录时间：</td></tr>
</table>

注 1. 本记录主要是指接地极、底盘、卡盘、拉盘等安装记录，对重要隐蔽工程，同一类型的工作需要附一张现场施工图片作为基础支撑证明资料。

2. 本记录要求随工程的进展由施工负责人于施工当天进行详细、准确记录。

3. 监理单位通过抽检对隐蔽工程进行验收，签署监理意见。

PWZJ6：10（20）kV 及以下配电工程工程量核定表

10（20）kV 及以下配电工程工程量核定表

<table>
<tr><td colspan="7">项目名称：</td><td rowspan="2">汇总表</td></tr>
<tr><td colspan="7">施工单位名称：</td></tr>
<tr><td>序号</td><td colspan="2">设备和材料名称及
规格型号</td><td>单位</td><td>初设工程量
（实领数量）</td><td>结算工程量
（施工数量）</td><td>量差</td><td>备注</td></tr>
<tr><td>1</td><td colspan="2"></td><td></td><td></td><td></td><td></td><td></td></tr>
<tr><td>2</td><td colspan="2"></td><td></td><td></td><td></td><td></td><td></td></tr>
<tr><td>3</td><td colspan="2"></td><td></td><td></td><td></td><td></td><td></td></tr>
<tr><td>4</td><td colspan="2"></td><td></td><td></td><td></td><td></td><td></td></tr>
<tr><td>…</td><td colspan="2"></td><td></td><td></td><td></td><td></td><td></td></tr>
<tr><td></td><td colspan="2"></td><td></td><td></td><td></td><td></td><td></td></tr>
<tr><td></td><td colspan="2"></td><td></td><td></td><td></td><td></td><td></td></tr>
<tr><td></td><td colspan="2"></td><td></td><td></td><td></td><td></td><td></td></tr>
<tr><td></td><td colspan="2"></td><td></td><td></td><td></td><td></td><td></td></tr>
<tr><td></td><td colspan="2">地形比例</td><td></td><td colspan="2">平地 %，丘陵 %</td><td></td><td></td></tr>
<tr><td></td><td colspan="2">土质比例</td><td></td><td colspan="2">坚土 %，松砂石 %</td><td></td><td></td></tr>
<tr><td></td><td colspan="2">杆塔二次运距</td><td>km</td><td colspan="2">人运 km，汽运 km</td><td></td><td></td></tr>
<tr><td></td><td colspan="2">线材、附件运距</td><td>km</td><td colspan="2">人运 km，汽运 km</td><td></td><td></td></tr>
<tr><td></td><td rowspan="3">交叉跨越</td><td>低压电力线路、
通信线路</td><td>处</td><td></td><td></td><td></td><td></td></tr>
<tr><td></td><td>河流 50m 以内</td><td>处</td><td></td><td></td><td></td><td></td></tr>
<tr><td></td><td>10kV 线路、
等级公路</td><td>处</td><td></td><td></td><td></td><td></td></tr>
<tr><td></td><td>青苗赔偿</td><td></td><td>元</td><td></td><td></td><td></td><td></td></tr>
</table>

PWZJ7：工程项目退（补）料清单

工程项目退（补）料清单

项目名称：　　　　　　　　　　　　施工单位：××公司全称

序号	材料名称	规格	单位	数量	备注

审核人：　　　　　　　　　　　　填表人：

PWZJ8：设计变更审批单

设计变更审批单

项目名称：　　　　　　　　　　　　　　　　　　　　　　　编号：

<table>
<tr><td colspan="3">致__________________（监理项目部）：
变更事由：由于 ××× 原因，提出一般（重大）设计变更申请，请予以审核。
变更费用：变更前静态投资为 ××× 万元；变更后静态投资为 ××× 万元；
变更前后静态投资增（减）××× 万元。

附件：1. 设计变更建议方案（变更方案及工程量变化）。
2. 设计变更费用计算书（变更前后概算书总表）。
3. 设计变更联系单（如有）等。

设　　总：（签字）
设计单位：（盖公章）

年　月　日</td></tr>
<tr><td>监理项目部意见：

总监理工程师：
（签字并盖项目部章或公章）

年　月　日</td><td>施工单位意见：

项目经理：
（签字并盖项目部章或公章）

年　月　日</td><td>业主项目部意见：

项目经理：
（签字并盖项目部章或部门章）

年　月　日</td></tr>
<tr><td>项目管理单位审批意见：</td><td colspan="2">县供电公司重大设计变更审批栏</td></tr>
<tr><td>部门负责人：
（签字并盖部门章）

年　月　日</td><td>县公司审批意见：

分管领导：
（签字并盖公章）
年　月　日</td><td>市公司项目管理单位审批意见：

部门负责人：
（签字并盖部门章）
年　月　日</td></tr>
</table>

注　1. 编号以项目编码为主编码（如 1812××–SS01）作为审批设计变更的唯一通用表单。

2. 本表一式五份（施工、设计、监理、业主项目部各一份，项目管理单位存档一份）。

PWZJ9：设计变更联系单

设计变更联系单

工程名称：　　　　　　　　　　　　　　　　　　　　　　编号：

致：______________________（设计单位） 由于____ ____ ____ 原因，兹提出____等。 设计变更建议，请予以审核。 附件：变更事由相关支撑材料 提出单位（签章）： 日　期：____年__月__日

注　1.编号以项目编码为主编码（如1812××-SL01），作为设计变更联系单的唯一通用表单。

2.本表用于向设计单位提出非设计原因引起的设计变更，作为设计变更审批单的附件。

3.提出单位为施工、监理或业主单位；交办单位为业主或监理单位。

PWZJ10：现场签证审批单

现场签证审批单

项目名称：　　　　　　　　　　　　　　　　　　　　编号：

<table>
<tr><td colspan="3">致____________________（监理项目部）：
签证事由：由于 ×× 原因，提出签证申请，请予以审核。
签证内容：1. 现场签证方案。
2. 签证工程量。
3. 相关支撑资料等。

项目经理：（签字）
施工单位：（盖项目部章或公章）

年　月　日</td></tr>
<tr><td>监理项目部意见：

总监理工程师：
（签字并盖项目部章或公章）

年　月　日</td><td>地质认定 / 运输变化类签证栏
设计单位意见：

设　代：
（签字并盖公章）

年　月　日</td><td>业主项目部审核意见：

项目经理：
（签字并盖项目部章或部门章）

年　月　日</td></tr>
<tr><td colspan="3">项目管理单位审批意见：

部门负责人（签字并盖部门章）：　　　　　分管领导（签字）：

年　月　日　　　　　　　　　　年　月　日</td></tr>
</table>

注　1. 编号以项目编码为主编码（如 1812××–QS01），作为审批项目签证的通用表单。

2. 本表一式五份（施工、设计、监理、业主项目部各一份，项目管理单位存档一份）。

PWZJ11：配电网工程项目计划规模调整表

配电网工程项目计划规模调整表

单位：万元、公里、万千伏安、户

序号	项目名称	项目编码	市公司名称	县公司名称	建设性质（新建/增容改造）	项目调整类型	可研规模	原下达计划规模及投资									实际完成规模及投资								
								投资计划	变电信息		线路信息					整改户表数	投资计划	变电信息		线路信息					整改户表数
									配电台数	配电容量	架空线路长度	电缆线路长度	线路总长度	配套低压架空线路	配套低压电缆线路			配电台数	配电容量	架空线路长度	电缆线路长度	线路总长度	配套低压架空线路	配套低压电缆线路	
1																									
2																									

PWZJ12：工程竣工结算审计报告

××公司××工程竣工结算的审计报告

××公司：

受你公司委托，我公司组成工程结算审计组，××年××月××日至××年××月××日对国网安徽省电力有限公司××市/县供电公司××年××工程竣工结算进行了审核，该项目资料由××市/县供电公司提供并负责，我们根据所提供的审核资料，通过熟悉政策法规、查阅合同等档案资料、实地勘测、套定额、计算复核等我们认为必要的审核程序，现将具体审核情况报告如下：

一、工程概况（分项分别描述）

1.××年××月××日，××公司以××文件，“关于下达××年度××改造升级工程第××批投资计划项目的通知”，核批国网××县供电公司××年××工程项目××个，预算资金××万元，建设规模为新装配变××台，容量××万kVA，新建/改造10kV线路××km，配套低压线路××kV，用户××户。

2.工程设计单位为××公司，监理单位为××公司，施工单位为××公司。工程项目开工竣工日期为××年××月××日至××年××月××日。

二、审核依据

1.建设单位送审的工程竣工结算书、工程开工报告、竣工验收报告、工程竣工图纸、施工合同书、招标成交通知书、经济签证及隐蔽工程验收记录等资料。

2.国家能源局发布《20kV及以下配电网工程预算定额》《预算编制与计算标准》和定额、预规使用指南。

3.国网安徽省电力有限公司下达××年××工程投资计划项目(××文号)。

三、审核范围

1.国网××市/县供电公司与各参建单位、物资供应单位签订的合同、协议等以及××县供电公司编制的工程预算、竣工结算书等。

2.工程施工图、竣工图、单体工程项目ERP系统物资出库明细单、设备材料平衡表和非物资招投标、施工合同等档案资料。

四、审核原则

实事求是、公平、公正。

五、结算审计结论

[×× 工程（全称）分子项目描述]

1.送审工程施工结算价 ×× 元，经审核，审定施工费 ×× 元，审减额 ×× 元，审减率 ××%。（详见附表）。

核减主要内容：一是 ××，二是 ××，三是 ××。

2.经审核，审定甲供设备及材料费 ×× 元。（详见附表）

六、其他说明事项

七、报告附件

1.工程结算施工费用、设计费用、监理费用审核定案表。

2.项目竣工结算审核汇总表及明细表。

3.甲供设备材料审定表及明细表。

4.施工合同、中标通知书、送审结算书、签证资料、竣工图等支撑材料。

审核人员：

复核人员：

年　月　日

PWZJ13：工程结算施工/设计/监理费用审核定案表

工程结算施工/设计/监理费用审核定案表

委托单位：　　　　　　　　　　　　　　　　　　编制日期：　年　月　日

<table>
<tr><td>建设单位</td><td colspan="2"></td><td>咨询类型</td><td></td></tr>
<tr><td>施工/设计/监理单位</td><td colspan="2"></td><td>专业</td><td></td></tr>
<tr><td>工程名称</td><td colspan="2"></td><td></td><td></td></tr>
<tr><td>单位工程名称</td><td>送审数（元）</td><td>审定数（元）</td><td>核减数（元）</td><td>核减率（%）</td></tr>
<tr><td>工程施工/设计/监理费用</td><td></td><td></td><td></td><td></td></tr>
<tr><td>合计</td><td></td><td></td><td></td><td></td></tr>
<tr><td>审定金额大写</td><td colspan="4"></td></tr>
<tr><td>核减额大写</td><td colspan="4"></td></tr>
<tr><td>备注</td><td colspan="4">合同价：</td></tr>
<tr><td colspan="5">建设单位（章）：

经办人：

日期：　年　月　日</td></tr>
<tr><td colspan="2">施工/设计/监理单位（章）：

经办人：

日期：　年　月　日</td><td colspan="3">审核单位（章）：

项目负责人（签章）：

签发人：

日期：　年　月　日</td></tr>
</table>

PWZJ14：竣工结算审核汇总表

竣工结算审核汇总表

建设单位：　　　　　　　　　　　　　　　　　　　　　　　　　金额单位：元

序号	工程或费用名称	送审费用金额	审定金额	审减（增）金额	审减率	核减说明
一	建筑工程费					
二	安装工程费					
三	其他工程费					
四	设备购置费					
…	工程总投资					
	其中：1. 甲供材料费用					
	2. 施工费用					

PWZJ15：甲供设备材料审定表

××工程竣工结算甲供设备材料审定表

金额单位：元

序号	设备和材料名称	规格型号	计量单位	单价	报审数量	审定数量	报审金额	审定金额	备注

参考文献

[1] 中华人民共和国住房和城乡建设部. 工程造价术语标准: GB/T 50875—2013 [S]. 北京: 中国计划出版社, 2013.

[2] 中华人民共和国住房和城乡建设部. 建设工程造价咨询规范: GB/T 51095—2015 [S]. 北京: 中国建筑工业出版社, 2015.

[3] 国家发展改革委, 建设部联合发布. 建设项目经济评价方法与参数（第三版）[M]. 北京: 中国计划出版社, 2006.

[4] 全国造价工程师执业资格考试培训教材编审委员会. 建设工程造价管理 [M]. 北京: 中国计划出版社, 2019.

[5] 全国造价工程师执业资格考试培训教材编审委员会. 建设工程计价 [M]. 北京: 中国计划出版社, 2019.

[6]《生产技术改造和生产设备大修项目可行性研究内容深度规定》（Q/GDW 11719—2017）.

[7]《安徽省10千伏台区工程可行性研究内容深度规定》（电企管工作〔2019〕173号）.

[8]《安徽省中心村电网建设改造技术原则》（Q/GDW 12-011—2019）.

[9]《安徽省行蓄洪区电网建设改造技术原则》（皖电发展〔2018〕210号）.

[10]《安徽省机井通电设计技术原则（试行）》（皖电发展〔2016〕105号）.